U0198449

建筑机电安装施工作业要点卡片

电气工程

主编：张　强

中国建筑工业出版社

图书在版编目（CIP）数据

电气工程/张强主编．—北京：中国建筑工业出版社，2018.5
（建筑机电安装施工作业要点卡片）
ISBN 978-7-112-21878-3

Ⅰ.①电… Ⅱ.①张… Ⅲ.①建筑工程-电气设备 Ⅳ.①TU85

中国版本图书馆 CIP 数据核字(2018)第 036711 号

建筑机电安装施工作业要点卡片
电气工程
主编：张 强

*

中国建筑工业出版社出版、发行（北京海淀三里河路 9 号）
各地新华书店、建筑书店经销
北京科地亚盟排版公司制版
廊坊市海涛印刷有限公司印刷

*

开本：850×1168 毫米 1/64 印张：3 字数：83 千字
2018 年 4 月第一版 2018 年 4 月第一次印刷
定价：**12.00** 元
ISBN 978-7-112-21878-3
（31796）

本书包括7部分，分别是：室外电气、变配电室、供电干线、电气动力、电气照明、备用和不间断电源、防雷接地等内容。本书针对电气工程专业中的关键工序进行编写，突出工序流程主线，明确工序作业中的安全、质量、环保等控制要点，具有重点突出、简明实用的特点。

本要点卡片主要面向施工作业人员，适用于班组作业人员培训和指导施工现场规范化标准化作业。同时，也可用于施工、监理、建设单位技术管理人员掌握工程施工工序要点，检查、监督、控制工程质量安全。

责任编辑：胡明安
责任设计：李志立
责任校对：李欣慰

编委会组成名单

编委会主任：况　勇

编委会副主任：熊启春

主　　编：张　强

副 主 编：侯海莳　王　杲　黄伟铭

编委会成员：胡小辉　史昊龙　郝天龙

赵　伟　武龙刚　罗爱民

吴跃顺　陈　玲　张晓红

艾晓燕　张　慧

前　言

为进一步推进建筑安装企业建筑机电业务现场管理和过程控制标准化工作，引导和指导工程技术人员在施工过程中更好地施行标准化作业，组织编写了《建筑机电安装施工作业要点卡片》丛书。

本要点卡片总结了当前建筑机电项目标准化管理经验，体现了深入推进现场管理和过程控制标准化的具体要求，以建筑机电工程现行质量验收标准、施工安全技术规程等为依据，针对机电工程主要专业中的关键工序进行编写，突出工序流程主线，明确工序作业中的安全、质量、环保等控制要点，具有重点突出、简明实用的特点。

本要点卡片主要面向施工作业人员，适用于班组作业人员培训和指导施工现场规范化标准化作业。同时，也可用于施工、监理、建设单位技术管理人员掌握工程施工工序要点，检查、监督、控制工程质量安全。

目　　录

1 室外电气

1.1 架空线路及杆上电气设备安装作业要点

卡片编码：室外电气101，上道工序：土建交接。

序号	作业	前置任务	作业控制要点
1	基础施工	场地平整画线定位	电杆基础坑深度应符合设计规定。电杆基础坑深度的允许偏差应为+100mm、-50mm。同基基础坑在允许偏差范围内与按最深一坑持平
2	电杆组装及施工	坑深及坑型确认	(1) 电杆组立应正直，直线杆横向位移不应大于50mm。杆梢偏移不应大于梢径的1/2，转角杆紧线后不向内角倾斜，向外角倾斜不应大于1个梢径。 (2) 直线杆单横担应装于受电侧，终端杆、转角杆的单横担应装于拉线侧。横担的上下歪斜和左右扭斜，从横担端部测量不应大于20mm，横担等镀锌制品应热浸镀锌

续表

序号	作业	前置任务	作业控制要点
3	拉线制作安装	坑深及坑型确认，立杆检查	拉线制作与安装的技术和工艺要要求： (1) 拉线棒外露地面部分的长度应为500～700mm。 (2) 安装前丝扣上应涂润滑剂。 (3) 线夹舌板与拉线接触应紧密，受力后无滑动现象，线夹凸肚在尾线侧，安装时不应损伤线股。 (4) 拉线弯曲部分不应有明显松股，拉线断头处与拉线主线应固定可靠，线夹处露出的尾线长度为300～500mm，尾线回头后与本线应扎牢。 (5) UT形线夹螺杆应露扣，并应有不小于1/2螺杆丝扣长度可供调紧，调整后，UT形线夹的双螺母应并紧。调整好的线夹舌板应与U形螺栓两螺杆距离相等。UT形线夹带螺母后螺杆必须露出螺纹，并应留有不小于1/2螺杆的螺纹长度，以供运行时调整。调紧拉线。再将双螺母锁紧，并注意其防水面朝上。 (6) 安装拉线应有1人配合拉紧安装。调整拉线时应观察电杆是否倾斜。 (7) 拉线的绝缘子及金具应齐全，位置正确，承力拉线应与线路中心线方向一致，转角拉线应与线路分角线方向一致。拉线应收紧，收紧程度与杆上导线数量规格及弧垂值相适配

续表

序号	作业	前置任务	作业控制要点
4	导线架设	拉线制作安装导线绝缘检查	(1) 放线：将导线运到线路首端（紧线处），用放线架架好线轴，然后放线。一般放线有两种方法：一种方法是将导线沿电杆根部放开后，再将导线吊上电杆；另一种方法是在横担上装好开口滑轮，一边放线，一边逐挡将导线吊放在滑轮内前进。 (2) 放线过程中，应对导线进行外观检查，不应发生磨伤、断股、扭曲、金钩、断头等现象。当导线发生下列状况、应采取相应措施。 (3) 导线避免接头，不可避免时，接头应符合下列要求：1）在同一挡路内，同一根导线上的接头不应超过一个。导线接头位置与导线固定处的距离应大于 0.5m，当有防振装置时，应在防振装置以外。2）不同金属、不同规格、不同绞制方向的导线严禁在挡距内连接。3）当导线采用缠绕方法连接时，连接部分的线股应缠绕良好，不应有断股，松股等缺陷。4）当导线采用钳压管连接时，应清除导线表面和管内壁的污垢。连接部位的铝质接触面应涂一层电力复合脂，用细钢丝刷清除表面氧化膜，保留涂料，进行压接。压口数及压口位置，深度等应符合规范规定。 (4) 紧线：在线路末端将导线卡固在耐张线夹上或绑回头挂在蝶式绝缘子上。裸铝导线在线夹上或在蝶式绝缘子上固定时，应缠包铝带，缠绕方向应与导线外层绞股方向一致，缠绕长度应超出接触部分 30mm

续表

序号	作业	前置任务	作业控制要点
5	电气设备安装	杆上紧固件安装检查	(1) 固定电气设备的支架、紧固件为热浸镀锌制品，紧固件及防松零件齐全。 (2) 变压器油位正常、附件齐全、无渗油现象、外壳涂层完整。 (3) 跌落式熔断器安装的相间距离不小于500mm；熔管试操动能自然打开旋下。 (4) 杆上隔离开关分、合操动灵活，操动机构机械锁定可靠，分合时三相同期性好，分闸后，刀片与静触头间空气间隙距离不小于200mm；地面操作杆的接地（PE）可靠，且有标识。 (5) 杆上避雷器排列整齐，相间距离不小于350mm，电源侧引线铜线截面积不小于160mm^2，接地侧引线铜线截面积不小于25mm^2。与接地装置引出线连接可靠

1.2 变压器、箱式变电所安装作业要点

卡片编码：室外电气102，上道工序：土建交接。

序号	作业	前置任务	作业控制要点
1	基础施工	画线定位	箱式变电所及落地式配电箱的基础应高于室外地坪，周围排水通畅。用地脚螺栓固定的螺母齐全，拧紧牢固；自由安放的应垫平放正。变压器轨道安装完毕，并符合设计要求。标高、尺寸、结构及预埋件焊件强度均符合设计要求

续表

序号	作业	前置任务	作业控制要点
2	变压器搬运	基础施工，预埋件检查	变压器二次搬运应由起重工作业，电工配合。最好采用汽车吊吊装，也可采用捯链吊装，距离较长最好用汽车运输，运输时必须用钢丝绳固定牢固，并应行车平稳，尽量减少振动；距离较短且道路良好时，可用卷扬机、滚杠运输。在运输过程中要有效监督，无紧急制动、剧烈振动、冲撞或严重颠簸等异常情况
3	安装前对变压器检查	变压器进场	(1) 外观检查：有铭牌，附件齐全，绝缘件无缺损、裂纹，充油部分不渗漏，充气高压设备气压指示正常，涂层完整。铭牌上应注明制造厂名，额定容量，一、二次额定电压，电流，阻抗电压（%）及接线组别等技术数据。外表清洁，测温仪表表示准确。 (2) 箱式变电所内外涂层完整、无损伤，有通风口的风口防护网完好。 (3) 查验合格证和随带技术文件，变压器应有出厂试验记录
4	变压器、箱式变电所安装	变压器检查	(1) 变压器就位时，应注意其方位和距墙尺寸应与图纸相符，允许误差为±25mm，图纸无标注时，纵向接轨道定位，横向距离不得小于800mm，距门不得小于1000mm，并适当照顾屋内吊环的垂线位于变压器中心，以便于吊芯。 (2) 变电所安装位置应正确，附件齐全，油浸变压器油位正常，无渗油现象。 (3) 箱式变电所的高低压柜内部接线完整、低压每个输出回路标记清晰，回路名称准确

续表

序号	作业	前置任务	作业控制要点
5	变压器、箱式变电所接地	变压器、箱式变电所安装	(1) 接地装置引出的接地干线与变压器的低压侧中性点直接连接；接地干线与箱式变电所的N母线和PE母线直接连接；变压器箱体、干式变压器的支架或外壳应接地（PE）。所有连接应可靠，紧固件及防松零件齐全。 (2) 箱式变电所及落地式配电箱的基础应高出室外地坪，周围排水通畅。用地脚螺栓固定时螺母齐全，拧紧牢固；自由安放时应垫平放正。金属箱式变电所及落地式配电箱，箱体应接地（PE）或接零（PEN）可靠，且有标识
6	变压器、箱式变电所附件安装	变压器、箱式变电所安装	(1) 绝缘件应无裂纹、缺损和瓷件瓷釉损坏等缺陷，外表清洁，测温仪表表示准确。 (2) 装有气体继电器的变压器顶盖，沿气体继电器的气流方向有1.0%～1.5%的升高坡度。 (3) 油浸变压器附件的控制导线，应采用具有耐油性能的绝缘导线。靠近箱壁的导线，应用金属软管保护，并排列整齐，接线盒应密封良好
7	变压器、箱式变电所试运行	变压器、箱式变电所交接试验合格	(1) 变压器第一次投入时，可全压冲击合闸，冲击合闸时一般可由高压侧投入。 (2) 变压器第一次受电后，持续时间不应少于10min，无异常情况。 (3) 变压器应进行3～5次全压冲击合闸，并无异常情况，励磁涌流不应引起保护装置误动作。

续表

序号	作业	前置任务	作业控制要点
7	变压器、箱式变电所试运行	变压器、箱式变电所交接试验合格	(4) 油浸变压器带电后，检查油系统不应有渗油现象。 (5) 变压器试运行要注意冲击电流、空载电流、一、二次电压、温度，并做好详细记录。 (6) 变压器并列运行前，应核对好相位。 (7) 变压器空载运行 24h，无异常情况，方可投入负荷运行

1.3 成套控制柜（屏、台）和动力、照明配电箱（盘）安装作业要点

卡片编码：室外电气 103，上道工序：土建交接。

序号	作业	前置任务	作业控制要点
1	基础施工	设备进场画线定位	(1) 基础型钢安装宜由安装施工单位承担。如由土建单位承担，设备安装前应做好中间交接。 (2) 型钢预先调直，除锈，刷防锈底漆。 (3) 基础型钢架可预制或现场组装。按施工图纸所标位置，将预制好的基础型钢架或型钢焊牢在基础预埋铁上。用水准仪及水平尺找平，校正。需用垫片的地方，须按钢结构施工规范要求。垫片最多不超过 3 片，焊后清理，打磨，补刷防锈漆。

续表

序号	作业	前置任务	作业控制要点
1	基础施工	设备进场画线定位	(4) 基础型钢与接地母线连接，将接地扁钢引入并与基础型钢两端焊牢。焊缝长度为接地扁钢宽度的 2 倍
2	配电柜的搬运和检查	基础施工	(1) 成套配电柜、屏、台、箱、盘在运输过程中，因受振使螺栓松动或导线连接脱落焊是经常发生的，所以进场验收时要注意检查，以利采取措施，使其正确复位。 (2) 查验合格证和随带技术文件，实行生产许可证和安全认证制度的产品，有许可证编号和安全认证标志。不间断电源柜有出场试验记录。 (3) 外观检查：有铭牌，柜内元器件无损坏丢失、接线无脱落焊，涂层完整，无明显碰撞凹陷
3	配电柜的安装与接地	配电柜的搬运检查	(1) 柜（屏台）安装应按施工图纸布置，事先编设备号、位号，按顺序将柜（屏、台）安放到基础型钢上。 (2) 柜、屏、台、箱、盘安装垂直度允许偏差为 1.5″，相互间接缝不应大于 2mm，成列盘面偏差不应大于 5mm。 (3) 柜、屏、台、箱、盘的金属框架及基础型钢必须接地（PE）或接零（PEN）可靠；装有电器的可开门，门和框架的接地端子间应用裸编织铜线连接，且有标识。 (4) 低压成套配电柜、控制柜（屏、台）和动力、照明配电箱（盘）应有可靠的电击保护

续表

序号	作业	前置任务	作业控制要点
4	配电柜接地与整体试验	配电柜的安装与接地	(1) 接地(PE)或接零(PEN)连接完成后,核对柜、屏、台、箱、盘内的元件规定、型号,且交接试验合格,才能投入试运行。 (2) 柜(屏、台)箱(盘)安装,试验调整必须符合施工规范规定,施工安装质量检验应结合外观实测检查安装记录和试验调整记录
5	动照配电箱安装,绝缘摇测	孔洞预留、预埋件完成	(1) 弹线定位:根据设计要求找出配电箱(盘)位置,并按照箱(盘)外形尺寸进行弹线定位。配电箱安装底口距地一般为1.5m,明装电度表板底口距地不小于1.8m。在同一建筑物内,同类箱盘高度应一致,允许偏差10mm。 (2) 安装配电箱(盘)的木砖及铁件等均应预埋,挂式配电箱(盘)应采用膨胀螺栓固定。 (3) 铁制配电箱(盘)均需先刷一道防锈漆,再刷灰油漆两道。 (4) 配电箱(盘)带有器具的铁制盘面和装有器具的门均应有明显可靠的裸软铜线PE线接地。 (5) 配电箱(盘)安装应牢固、平正,其允许偏差不应大于3mm,配电箱体高50cm以下,允许偏差1.5mm。 (6) 配电箱(盘)上电器,仪表应牢固、平正、整洁、间距均匀。铜端子无松动,启闭灵活,零部件齐全,配电箱内母线相序排列一致,母线色标正确,均匀完整,二次结线排列整齐,回路编号清晰齐全。

续表

序号	作业	前置任务	作业控制要点
5	动照配电箱安装，绝缘摇测	孔洞预留、预埋件完成	(7) 照明箱（盘）内，分别设置零线（N）和保护地线（PE 线）汇流排，零线和保护地线经汇流排配出。 (8) 绝缘摇测：配电箱（盘）全部电器安装完毕后，用 500V 兆欧表对线路进行绝缘摇测。摇测项目包括相线与相线之间，相线与零线之间，相线与地线之间，零线与地线之间，两人进行摇测，同时做好记录，做技术资料存档

1.4 电线、电缆导管和线槽敷设管路暗敷设作业要点

卡片编码：室外电气 104（1），上道工序：土建交接。

序号	作业	前置任务	作业控制要点
1	管材选用	管材进场	(1) 主材：钢管具备有效的产品合格证，原材料合格证，镀锌管外表层完整、无剥落现象。 (2) 辅材：灯头盒、接线盒、开关盒、插座盒、直管接头、螺纹管接头、护口、管卡、圆钢、扁钢、角钢、防锈漆等具有合格证，螺栓、螺母、垫圈为镀锌件，镀锌层完整无缺

续表

序号	作业	前置任务	作业控制要点
2	预制加工	管材进场	(1) ϕ25 及以下的管弯采用冷揻法，用手动揻弯器加工；ϕ32～ϕ40 的管弯采用成品件。 (2) 管子切断：钢管用钢锯切断；管口处平齐、无毛刺，管内无铁屑，长度适当
3	弹线定位	模板铺设完毕	(1) 按照设计图测出盒、箱、出线口等准确位置。测量时，应使用自制尺杆，弹线定位。 (2) 根据测定的盒、箱位置，把管路的垂直点水平线弹出，按照要求标出支架、吊架固定点具体尺寸位置
4	盒、箱定位固定	弹线定位完毕	(1) 墙体上稳装盒箱：盒箱要平正牢固，坐标位置准确，盒箱口封堵完好；当盒箱保护层小于 3mm 时，为防止墙体空裂，需加金属网，然后再抹灰。 (2) 顶板上稳装灯头盒：灯头盒坐标位置准确，盒子要封堵完好，建议使用活底灯头盒
5	导管暗敷设	箱盒固定完毕毕	(1) 暗配管路宜沿最近路线敷设，并尽量减少弯曲；埋入墙体或顶板内的钢管，离表面的净距不小于 15mm，消防管路不小于 30mm。 (2) 敷设于多尘、潮湿场所的管路，管口处均应做密封处理，穿入消防管路应做密封处理。 (3) 落地式配电箱（柜）内的管路（指下方），排列整齐，管口应高出基础面 50～80mm。 (4) 管路的弯曲半径至少在 6D 以上，弯扁度在 0.1D 以下

续表

序号	作业	前置任务	作业控制要点
6	地线连接	管路敷设完毕	(1) 管路应作整体接地连接，穿过建筑物变形缝时，应有接地补偿装置。如采用跨接方法连接，跨接地线两端焊接面不得小于该跨接截面的6倍。焊缝均匀牢固，焊接处要清除焊渣，刷防腐漆。 (2) 卡接：镀锌钢管或可挠金属电线保护管，应有专用接线卡连接，不得采用熔焊连接角线

1.5 管路明敷设作业要点

卡片编码：室外电气104（2），上道工序：土建交接。

序号	作业	前置任务	作业控制要点
1	管材选用	管材进场	镀锌钢管（或电线管）壁厚均匀，焊缝均匀，无劈裂、砂眼、棱刺凹扁现象。除镀锌管外其他管材需预先除锈，刷防腐漆（埋入现浇混凝土时，可不刷防腐漆，但应除锈）。镀锌管或刷过防腐漆的钢管外表层完整，无剥落现象，应具有产品材质单和合格证
2	预制加工	管材进场	(1) $\phi25$及以下的管弯采用冷搣法，用手动搣弯器加工；$\phi32\sim\phi40$的管弯采用成品件。 (2) 管子切断：钢管用钢锯切断；管口处平齐、无毛刺，管内无铁屑，长度适当

续表

序号	作业	前置任务	作业控制要点
3	弹线定位	土建结构验收通过	(1) 按照设计图测出盒、箱、出线口等准确位置。成排成列的箱盒位置，应挂通线或十字线安装找正。 (2) 根据测定的盒、箱位置，把管路的垂直点水平线弹出，按照要求标出支架、吊架固定点具体尺寸位置
4	支吊架固定	支吊架制作完毕	(1) 支架、吊架要按图纸设计进行加工。 (2) 无论采用何种固定方法，均应先固定两端支架、吊架，然后拉直线固定中间的支架、吊架。 (3) 箱盒固定：采用定型箱盒，需在箱盒下侧100～150mm处加稳固支架，将管固定在支架上，箱盒安装应牢固平整，开孔整齐，并与管径相吻合。要求一管一孔，不得开长孔。铁制箱盒严禁气焊开孔
5	导管明敷设	支吊架固定完毕	(1) 根据设计图纸加工支架、吊架，固定卡采用成品件，接线盒使用成品明装盒。 (2) 敷设于多尘、潮湿场所的管路，管口处均应做密封处理，穿入防管路应做密封处理。 (3) 消防管路刷防火涂料
6	地线连接	管路敷设完毕	(1) 管路应作整体接地连接，穿过建筑物变形缝时，应有接地补偿装置。如采用跨接方法连接，跨接地线两端焊接面不得小于该跨接截面的6倍。焊缝均匀牢固，焊接处要清除焊渣，刷防腐漆。 (2) 卡接：镀锌钢管或可挠金属电线保护管，应有专用接线卡连接，不得采用熔焊连接角线

1.6 线槽敷设作业要点

卡片编码：室外电气104（3），上道工序：土建交接。

序号	作业	前置任务	作业控制要点
1	线槽选用	线槽进场	（1）主材：具备有效的产品合格证或检验报告，线槽内外无棱刺、无扭曲、翘边等变形现象；保护层完整、无剥落及锈蚀现象。 （2）辅材：连接板、内衬片、金属膨胀螺栓、半圆头螺栓、螺母、垫圈为镀锌件，镀锌层完整无缺
2	预制加工	线槽验收完毕	线槽内外应光滑平整，无棱刺，不应有扭曲，翘边等变形现象
3	弹线定位	土建结构验收通过	根据图纸先确定配电箱（柜）等电气器具的安装位置，从始端至终端、先干线后支线找水平或垂直线，用粉线袋沿墙壁、顶板、地面等弹出线路的中心线，并按图纸及施工规范的规定，匀分支架、吊架的挡距，标出支架、吊架的具体位置
4	支吊架固定	障碍清理弹线定位完毕	（1）根据支架、吊架所承荷载，确定支架、吊架的规格，在线槽订货时向厂家做技术交底，由厂家一并与线槽统一加工。 （2）膨胀螺栓埋好后，用螺母配上相应的垫圈将支架、吊架直接固定在金属膨胀螺栓上。 （3）支架、吊架安装后，拉线进行调平、调正

续表

序号	作业	前置任务	作业控制要点
5	线槽敷设	支吊架固定完毕	(1) 线槽应平整，无扭曲变形，内壁无毛刺，各种附件齐全。 (2) 线槽的接口应平整，接缝处应紧密平直。槽盖装上后应平整，无翘角，出线口的位置准确。 (3) 在吊顶内敷设时，如果吊顶无法上人时，应留有检修孔。 (4) 不允许将穿过墙壁的线槽与墙上的孔洞一起抹死。 (5) 线槽的所有非导电部分的铁件均应相互连接和跨接，使之成为一连续导体，并做好整体接地。 (6) 当线槽的底板对地距离低于 2.4m 时，线槽本身和线槽盖板均必须加装保护地线
6	地线连接	线槽敷设完毕	(1) 金属线槽应做整体接地连接，接地螺栓不小于 M6。 (2) 弱电金属线槽等电位敷设方法可沿线槽外（内）侧敷设一道镀锌扁钢，扁钢与接地干线相连，每 25～30m 与线槽连接一次；线槽首末端需接地；弱电竖井应做等电位。 (3) 过变形缝处的线槽，把变形缝两侧的线槽进行地线跨接

1.7 电线、电缆穿管和线槽敷线电线、电缆穿管作业要点

卡片编码：室外电气 105（1），上道工序：线管、线槽、桥架敷设。

序号	作业	前置任务	作业控制要点
1	穿带线	管路敷设完毕	(1) 带线一般均采用1.2～2.0mm的铁丝。先将铁丝的一端弯成不封口的圆圈，再利用穿线器将带线穿入管路内，在管路的两端均应留有10～15cm的余量。 (2) 在管路较长或转弯较多时，可以在敷设管路的同时将带线一并穿好。 (3) 穿带线受阻时，应用两根铁丝同时搅动，使两根铁丝的端头互相钩绞在一起，然后将带线拉出。 (4) 阻燃型塑料波纹管壁呈波纹状，带线的端头要变成圆形
2	扫管	穿带线完毕	(1) 清扫管路的目的是清除管路中的灰尘、泥水等杂物。 (2) 清扫管路的方法：将布条的两端牢固地绑扎在带线上，两人来回拉动带线，将管内杂物清除干净
3	放线及断线	扫管完毕	(1) 放线前应根据施工图对导线的规格、型号进行核对。 (2) 放线时导线置于放线架或放线车上。 (3) 断线：剪断导线时，导线的预留长度应按以下4种情况考虑。 1) 接线盒、开关盒、插销盒及灯头盒内导线的预留长度应为15cm。2) 配电箱内导线的预留长度应为配电箱体周长的1/2。3) 出户导线的预留长度应为1.5m。4) 共用导线在分支处，可不剪断导线而直接穿过

续表

序号	作业	前置任务	作业控制要点
4	穿线	放线完毕	(1) 钢管（电线管）在穿线前，应首先检查各个管口的护口是否齐整，如有遗漏或破损，均应补齐和更换。 (2) 当管路较长或转弯较多时，要在穿线的同时往管内吹入适量的滑石粉。 (3) 交流回路的导线必须穿于同一管内。 (4) 不同回路、不同电压和交流与直流的导线，不得穿入同一管内。 (5) 线在变形缝处，补偿装置应活动自如。导线应留有一定的余度。 (6) 敷设于垂直管路中的导线，当超过下列长度时应在管口处和接线盒中加以固定：1）截面积为 $50mm^2$ 及以下的导线为 30m；2）截面积为 $70\sim95mm^2$ 的导线为 20m；3）截面积在 $180\sim240mm^2$ 之间的导线为 18m。 (7) 穿入管内的绝缘导线，不准接头和局部绝缘破损及死弯。导线外径总截面不应超过管内面积的 40%
5	绝缘摇测	穿线完毕在装器具前	(1) 线路的绝缘摇测一般选用 500V、量程为 $0\sim500M\Omega$ 的兆欧表。测量线路绝缘电阻时：兆欧表上有三个分别标有“接地”（E）；“线路”（L）；“保护环”（G）的端钮。可将被测两端分别接于 E 和 L 两个端钮上。

续表

序号	作业	前置任务	作业控制要点
5	绝缘摇测	穿线完毕在装器具前	(2) 电气器具未安装前进行线路绝缘摇测时，首先将灯头盒内导线分开，开关盒内导线连通。摇测应将干线和支线分开，1 人摇测，1 人应及时读数并记录。摇动速度应保持在 120r/min 左右，读数应采用 1min 后的数值为宜。 (3) 电气器具全部安装完，在送电前进行摇测，应先将线路上的开关、刀闸、仪表、仪表、设备等用电开关全部置于断开位置，摇测方法同上所述，确认绝缘摇测无误后，再进行送电试运行

1.8 线槽敷线作业要点

卡片编码：室外电气 105 (2)，上道工序：线槽敷设。

序号	作业	前置任务	作业控制要点
1	放线及断线	线槽敷设完毕	(1) 放线前应根据施工图对导线的规格、型号进行核对。 (2) 放线时导线置于放线架或放线车上。 (3) 断线：剪断导线时，导线的预留长度应按以下 4 种情况考虑。 1) 接线盒、开关盒、插销盒及灯头盒内导线的预留长度应为 15cm。2) 配电箱内导线的预留长度应为配电箱体周长的 1/2。3) 出户导线的预留长度应为 1.5m。4) 共用导线在分支处，可不剪断导线而直接穿过

续表

序号	作业	前置任务	作业控制要点
2	线槽敷线	放线断线完毕	(1) 电线在线槽内有一定余量，不得有接头。电线按回路编号分段绑扎，绑扎点间距不应大于 2m。 (2) 同一回路的相线和零线，敷设于同一金属线槽内。 (3) 同一电源的不同回路无抗干扰要求的线路可敷设同一线槽内；敷设于同一线槽内有抗干扰要求的线路用隔板隔离，或采用屏蔽电线且屏蔽护套一端接地
3	线路绑扎	敷线完毕	(1) 当导线根数较少时，例如 2～3 根导线，可将导线前端的绝缘层削去，然后将线芯直接插入带线的盘圈内并折回压实，绑扎牢固。使绑扎处形成一个平滑的锥形过渡部位。 (2) 当导线根数较多或导线截面较大时，可将导线前端的绝缘层削去，然后将线芯斜错排列在带线上，用绑线缠绕绑扎牢固。令绑扎接头处形成一个平滑的锥形过渡部位，便于穿线
4	绝缘摇测	穿线完毕在接线前	(1) 绝缘摇测分两次进行：电缆敷设前；电缆敷设完毕，送电前。 (2) 1kV 以下电缆，用 1kV 兆欧表摇测相线间、相对零、零对地、相对地间的绝缘电阻，要求绝缘电阻值不低于 0.5MΩ

1.9 电缆头制作、导线连接和线路电气试验作业要点

卡片编码：室外电气 106，上道工序：电缆、电线敷设。

序号	作业	前置任务	作业控制要点
1	锯断、剥切电缆、导线	电缆敷设完成	(1) 应按设计和实际路径计算每根电缆的长度，合理安排每盘电缆，减少电缆接头。 (2) 切断电缆时，不应有金属屑及污物进入电缆。 (3) 剥切电缆时不应损伤线芯和保留的绝缘层。 (4) 制作电缆终端与接头，从剥切电缆开始应连续操作直至完成，缩短绝缘暴露时间。剥切电缆时不应损伤线芯和保留的绝缘层。附加绝缘的包绕、装配、热缩等应清洁。 (5) 电缆终端和接头应采取加强绝缘、密封防潮、机械保护等措施。6kV 及以上电力电缆的终端和接头，尚应有改善电缆屏蔽断部电场集中的有效措施，并应确保外绝缘相间和对地绝缘。 (6) 在制作塑料绝缘电缆终端头和接头时，应彻底清除半导电屏蔽层。对包带石墨屏蔽层，应使用溶剂擦去碳迹；对挤出屏蔽层，剥除时不得损伤绝缘表面，屏蔽端部应平整

续表

序号	作业	前置任务	作业控制要点
2	电缆焊接压线端子导线压接接线帽	电缆剥切完毕	(1) 接线端子(接线鼻):应根据导线的根数和总截面选择相应规格的接线端子。 (2) 焊锡:由锡、铅和锑等元素组合的低熔点(185～260℃)合金。焊锡制成条状或丝状。 (3) 焊剂:能清除污物和抵制工件表面氧化物,一般焊接应采用松香液,将天然松香溶液在酒精中制成乳状液体,适用于铜及铜合金焊件。 (4) C形压线帽:且有阻燃性能氧指数为27%以上,适用于铝导线 2.5mm^2、4mm^2 两种,适用铜导线 1～4mm^2 接头压接,分为黄、白、红、绿、蓝5种颜色,可根据导线截面和根数选择使用(铝导线用绿、蓝;铜线用黄、白、红)
3	包缠绝缘胶带	电缆焊接压线端子涮锡完毕	采用橡胶(或粘塑料)绝缘带从导线接头处始端的完好绝缘层开始,缠绕1～2个绝缘带幅宽度,再以半幅宽度重叠进行缠绕。在包扎过程中应尽可能地收紧绝缘带。最后在绝缘层上缠绕1～2圈后,再进行回缠。采用橡胶绝缘带包扎时,应将其拉长2倍后再进行缠绕。然后再用黑胶布包扎,包扎时要衔接好,以半幅宽度边压边进行缠绕,同时在包扎过程中收紧胶布,导线接头处两端应用黑胶布封严密。包扎后应呈枣核形

续表

<table>
<tr><th>序号</th><th>作业</th><th>前置任务</th><th>作业控制要点</th></tr>
<tr><td>4</td><td>电缆头外壳与电缆护套及铠装层接地</td><td>电缆敷设完成</td><td>(1) 三芯电力电缆接头两侧电缆的金属屏蔽层(或金属套)、铠装层应分别连接良好，不得中断，跨接线的截面不应小于下表接地线截面的规定。直埋电缆接头的金属外壳及电缆的金属护层应做防腐处理。
电缆芯线和接地线截面积（mm^2）<table><tr><th>电缆芯线截面</th><th>接地线截面</th></tr><tr><td>120 及以下</td><td>16</td></tr><tr><td>150 及以下</td><td>25</td></tr></table>(2) 三芯电力电缆终端处的金属护层必须接地良好；塑料电缆每相铜屏蔽和钢铠应用焊锡焊接接地线。电缆通过零序电流互感器时，电缆金属护层和接地线应对地绝缘，电缆接地点在互感器以下时，接地线应直接接地；接地点在互感器以上时，接地线应穿过互感器接地</td></tr>
<tr><td>5</td><td>校相及绝缘摇测</td><td>电缆头外壳与电缆护套及铠装层接地</td><td>(1) 低压电线和电缆，线间和线对地间的绝缘电阻值必须大于 0.5MΩ。
(2) 电线、电缆交接试验合格，且对接线去向和相位等检查确认，才能通电。
(3) 电力电缆绝缘电阻值可参照下表中的绝缘电阻值，该表值是将各类电力电缆换算到 20℃时的每公里的最低绝缘电阻值，见下表。</td></tr>
</table>

续表

<table>
<tr><th>序号</th><th>作业</th><th>前置任务</th><th colspan="6">作业控制要点</th></tr>
<tr><td rowspan="5">5</td><td rowspan="5">校相及绝缘摇测</td><td rowspan="5">电缆头外壳与电缆护套及铠装层接地</td><td colspan="6">电力电缆绝缘电阻值</td></tr>
<tr><td colspan="2">电缆额定电压（kV）</td><td>1</td><td>6</td><td>10</td><td>35</td></tr>
<tr><td rowspan="3">绝缘电阻（MΩ）</td><td>聚氯乙烯电缆</td><td>40</td><td>60</td><td>—</td><td>—</td></tr>
<tr><td>聚乙烯电缆</td><td>—</td><td>1000</td><td>1200</td><td>3000</td></tr>
<tr><td>交联聚乙烯电缆</td><td>—</td><td>1000</td><td>1200</td><td>3000</td></tr>
</table>

1.10 建筑物外部装饰灯具、航空障碍标志灯和庭院路灯安装作业要点

卡片编码：室外电气 107，上道工序：土建交接。

序号	作业	前置任务	作业控制要点
1	开箱清点	灯具进场	(1) 根据装箱单清点安装配件，并检查制造厂的有关技术文件是否齐全。注意核对灯具的标称型号等参数是否符合要求，是否为具有防雨性能的专用灯具。灯具应有产品合格证和“CCC”认证标志。

续表

序号	作业	前置任务	作业控制要点
1	开箱清点	灯具进场	（2）检查灯具外观是否正常，是否有擦碰、弯形、受潮、金属镀层剥落锈蚀、玻璃罩破损等现象
2	测位划线	灯具进场验收完毕	安装灯具前应先测位划线，确保灯具位置准确，成排灯具横平竖直，根据灯具的重量匹配膨胀螺栓，尼龙胀塞、塑料胀塞等，然后用电锤打眼，安装固定件
3	组立电杆、基础、吊杆、型钢	测位划线，土建作业基本完成	（1）建筑物彩灯的安装： 1）建筑物顶部彩灯管路采用明管敷设，具有防雨功能。管路间、管路与灯头盒间螺纹连接，金属导管及彩灯的构架、钢索等可接近裸露导体接地（PE）或接零（PEN）可靠；2）垂直彩灯若为管线暗埋墙上固定时，应根据情况利用脚手架或外墙悬挂吊篮施工；3）墙上固定灯具时，可采用打膨胀栓塞螺钉固定方式，不得采用木楔；4）利用悬挂钢丝绳固定彩灯时，可将整条彩灯螺旋缠绕在钢丝绳上，以减少因风吹而导致的导线与钢丝绳的摩擦；5）灯具内留线的长度应适宜，多股软线线头应搪锡，接线端子压接牢固可靠；6）应注意统一配线颜色，以区分相线与零线，对于螺口灯座中心簧片应接相线，不得混淆；7）安装的彩灯灯泡颜色应符合设计要求。

续表

序号	作业	前置任务	作业控制要点
3	组立电杆、基础、吊杆、型钢	测位划线，土建作业基本完成	(2) 航空障碍标志灯安装 1) 在外墙施工阶段就应考虑是否设置有便于维修和更换光源的措施，如爬梯等；2) 预埋管线在穿线后应做好防水措施，避免管内积水；3) 灯具固定时，可采用打膨胀栓塞螺钉固定或用镀锌螺栓固定在专用金属构架上；4) 当灯具在烟囱顶上装设时，安装在低于烟囱口 1.5～3m 的部位，且呈正三角形水平排列；5) 航空障碍标志灯应具有防雨功能。安装灯具的金属构架接地（PE）或接零（PEN）应可靠；6) 灯具内留线的长度应适宜，多股软线线头应搪锡，接线端子压接牢固可靠；7) 检查灯具的防水情况。 (3) 庭院灯安装 1) 落地式灯具底座与基础应吻合，预埋地脚螺栓位置准确，螺纹完整无损伤；2) 落地式灯具预埋电源接线盒宜位于灯具底座基础内；3) 灯具地脚螺栓连接牢固，平垫圈及弹簧垫圈齐全；4) 灯具内留线的长度应适宜，多股软线线头应搪锡，接线端子压接牢固可靠；5) 灯具金属立柱及其他可接近裸露导体接地或接零应可靠；6) 灯具的接线盒盖防水密封垫完整，拧紧紧固螺钉时应注意对角拧紧，保证盖板受力均匀

续表

序号	作业	前置任务	作业控制要点
4	灯具组装固定	组立电杆基础吊杆型钢	(1) 灯管采用专用的绝缘支架固定，且牢固可靠。灯管固定后，与建筑物，构筑物表面的距离不小于 20mm； (2) 立柱式路灯、落地式路灯、特种园艺灯等灯具与基础固定可靠，地脚螺栓备帽齐全。灯具的接线盒或熔断器，盒盖的防水密封垫完整； (3) 架空线路电杆上的路灯，固定可靠，紧固件齐全、拧紧、灯位正确，每套灯具配有熔断器保护
5	灯具附件安装	组立电杆基础吊杆型钢完毕	(1) 根据厂家提供的说明书及组装图认真核对紧固件、连接件及其他附件。 (2) 根据说明书，穿各子回路的绝缘电线。 (3) 根据组装图组装并接线。 (4) 安装各种附件
6	绝缘摇测	灯具附件及地线安装	(1) 电线绝缘电阻测试前电线的连续完成； (2) 照明箱（盘）、灯具、开关、插座的绝缘电阻测试在就位前或接线前完成； (3) 备用电源或事故照明电源作空载自动投切试验前拆除负荷，空载自动投切试验合格，才能做有载自动投切试验； (4) 电气器具及线路绝缘电阻测试合格，才能通电试验

1.11 建筑照明通电试运行作业要点

卡片编码：室外电气 108，上道工序：子分部安装完成。

序号	作业	前置任务	作业控制要点
1	检查回路标识	灯具安装完成，绝缘测试完毕	(1) 复查总电源开关至各照明回路进线电源开关接线是否正确； (2) 照明配电箱及回路标识应正确，一致； (3) 检查漏电保护器接线是否正确，严格区分工作零线（N）与专用保护零线（PE），专用保护零线（PE）严禁接入漏电开关； (4) 检查开关箱内各接线端子连接是否正确可靠； (5) 断开各回路分电源开关，合上总进线开关，检查漏电测试按钮是否灵敏有效
2	照明试运行，做试运行记录	灯具安装完成，测试完毕	(1) 分回路试通电 1）将各回路灯具等用电设备开关全部置于断开位置；2）逐次合上各分回路电源开关；3）分回路逐次合上灯具等的控制开关，检查开关与灯具控制顺序是否对应、风扇的转向及调速开关是否正常；4）用试电笔检查各插座相序连接是否正确，带开关插座的开关是否能正确关断相线。

续表

序号	作业	前置任务	作业控制要点
2	照明试运行，做试运行记录	灯具安装完成，测试完毕	(2) 故障检查整改 1) 发现问题应及时排除，不得带电作业；2) 对检查中发现的问题应采取分回路隔离排除法予以解决；3) 对开关一送电，漏电保护就跳闸的现象，重点检查工作零线与保护零线是否混接、导线是否绝缘不良。 (3) 系统通电，连续试运行 公用建筑照明系统通电连续试运行时间应为24h，民用住宅照明系统通电连续试运行时间应为8h。所有照明灯具均应开启，且每2h记录运行状态1次，连续试运行时间内无故障

1.12 接地装置安装作业要点

卡片编码：室外电气109，上道工序：土建交接。

序号	作业	前置任务	作业控制要点
1	挖接地母线沟	场地平整画线定位	(1) 接地装置的埋设深度其顶部不应小于0.6m，接地装置埋设位置距建筑物不宜小于1.5m，在垃圾、灰渣等处埋设接地装置时，应换土并分层夯实。

续表

序号	作业	前置任务	作业控制要点
1	挖接地母线沟	场地平整画线定位	(2) 接地网沟应尽量利用建筑工程土方开挖时的自然沟，这样可减少挖沟工程量，但应注意配合。接地网沟按设计要求开挖。如无设计，则按以下规定开挖：1）距建筑物的距离不小于 1.5m；2）挖沟深度 1.35m，沟上口宽 0.6m，沟下口宽 0.8m；3）挖沟后应尽快安装接地极，以免土方倒塌，造成返工
2	接地装置安装	挖接地母线沟	(1) 建筑物基础接地体：底板钢筋敷设完成，按设计要求做接地施工，经检查确认，才能支模或浇捣混凝土； (2) 人工接地：按设计要求位置开挖沟槽，经检查确认，才能打入接地极和敷设地下接地干线；接地干线的连接应采用焊接，焊接处焊缝应饱满，并有足够的机械强度，不得有夹渣、咬肉、裂纹、虚焊、气孔等缺陷，焊接处的焊渣清理干净后，刷沥青做防腐处理。 (3) 接地模块：按设计位置开挖模块坑，并将地下接地干线引到模块上，经检查确认，才能相互焊接； (4) 装置隐蔽：检查验收合格，才能覆土回填
3	接地电阻测试	接地装置安装完毕	(1) 人工接地装置或利用建筑物基础钢筋的接地装置必须在地面以上按设计要求位置设测试点。

续表

序号	作业	前置任务	作业控制要点
3	接地电阻测试	接地装置安装完毕	(2) 接地装置施工完成测试应合格，整个防雷接地系统连成回路，才能系统测试。 (3) 测试电阻值应符合设计要求，检查方法：实测或检查接地电阻测试记录。观察检查或检查安装记录

2 变配电室

2.1 变压器、箱式变电所安装作业要点

卡片编码：变配电室201，上道工序：土建交接。

序号	作业	前置任务	作业控制要点
1	基础施工	画线定位	箱式变电所及落地式配电箱的基础应高于室外地坪，周围排水通畅。用地脚螺栓固定时应螺母齐全，拧紧牢固；自由安放的应垫平放正。变压器轨道安装完毕，并符合设计要求。标高、尺寸、结构及预埋件焊件强度均符合设计要求
2	变压器搬运	基础施工，预埋件检查	变压器二次搬运应由起重工作业，电工配合。最好采用汽车吊吊装，也可采用捯链吊装，距离较长最好用汽车运输，运输时必须用钢丝绳固定牢固，并应行车平稳，尽量减少振动；距离较短且道路良好时，可用卷扬机、滚杠运输。在运输过程中要有效监督，无紧急制动、剧烈振动、冲撞或严重颠簸等异常情况

续表

序号	作业	前置任务	作业控制要点
3	安装前检查变压器	变压器进场	(1) 外观检查：有铭牌，附件齐全，绝缘件无缺损、裂纹，充油部分不渗漏，充气高压设备气压指示正常，涂层完整。铭牌上应注明制造厂名，额定容量，一、二次额定电压，电流，阻抗电压（%）及接线组别等技术数据。外表清洁，测温仪表表示准确。 (2) 箱式变电所内外涂层完整、无损伤，有通风口的风口防护网完好。 (3) 查验合格证和随带技术文件，变压器应有出厂试验记录
4	变压器、箱式变电所安装	变压器检查	(1) 变压器就位时，应注意其方位和距墙尺寸应与图纸相符，允许误差为±25mm，图纸无标注时，纵向接轨道定位，横向距离不得小于800mm，距门不得小于1000mm，并适当照顾屋内吊环的垂线位于变压器中心，以便于吊芯。 (2) 变电所安装位置应正确，附件齐全，油浸变压器油位正常，无渗油现象。 (3) 箱式变电所的高低压柜内部接线完整、低压每个输出回路标记清晰，回路名称准确
5	变压器、箱式变电所接地	变压器、箱式变电所安装	(1) 接地装置引出的接地干线与变压器的低压侧中性点直接连接；接地干线与箱式变电所的N母线和PE母线直接连接；变压器箱体、干式变压器的支架或外壳应接地（PE）。所有连接应可靠，紧固件及防松零件齐全。

续表

序号	作业	前置任务	作业控制要点
5	变压器、箱式变电所接地	变压器、箱式变电所安装	(2) 箱式变电所及落地式配电箱的基础应高室外地坪。周围排水通畅。用地脚螺栓固定时螺母齐全，拧紧牢固；自由安放时应垫平放正。金属箱式变电所及落地式配电箱，箱体应接地（PE）或接零（PEN）可靠，且有标识
6	变压器、箱式变电所附件安装	变压器、箱式变电所安装	(1) 绝缘件应无裂纹、缺损和瓷件、瓷釉损坏等缺陷，外表清洁，测温仪表表示准确。 (2) 装有气体继电器的变压器顶盖，沿气体继电器的气流方向有1.0%～1.5%的升高坡度。 (3) 油浸变压器附件的控制导线，应采用具有耐油性能的绝缘导线。靠近箱壁的导线，应用金属软管保护，并排列整齐，接线盒应密封良好
7	变压器、箱式变电所运行	变压器交接试验合格	(1) 变压器第一次投入时，可全压冲击合闸，冲击合闸时一般可由高压侧投入。 (2) 变压器第一次受电后，持续时间不应少于10min，无异常情况。 (3) 变压器应进行3～5次全压冲击合闸，并无异常情况，励磁涌流不应引起保护装置误动作。 (4) 油浸变压器带电后，检查油系统不应有渗油现象。 (5) 变压器试运行要注意冲击电流；空载电流；一、二次电压；温度；并做好详细记录。 (6) 变压器并列运行前，应核对好相位。 (7) 变压器空载运行24h，无异常情况，方可投入负荷运行

2.2 成套控制柜、控制柜（屏、台）和动力、照明、配电箱（盘）安装作业要点

卡片编码：变配电室 202，上道工序：土建交接。

序号	作业	前置任务	作业控制要点
1	基础施工	设备进场画线定位	（1）基础型钢安装宜由安装施工单位承担。如由土建单位承担，设备安装前应做好中间交接。 （2）型钢预先调直，除锈，刷防锈底漆。 （3）基础型钢架可预制或现场组装。按施工图纸所标位置，将预制好的基础型钢架或型钢焊牢在基础预埋铁上。用水准仪及水平尺找平，校正。需用垫片的地方，须按钢结构施工规范要求。垫片最多不超过 3 片，焊后清理、打磨，补刷防锈漆。 （4）基础型钢与接地母线连接，将接地扁钢引入并与基础型钢两端焊牢。焊缝长度为接地扁钢宽度的 2 倍
2	配电柜的搬运和检查	基础施工	（1）成套配电柜、屏、台、箱、盘在运输过程中，因受振动使螺栓松动或导线连接脱落，是经常发生的，所以进场验收时要注意检查，以采取措施，使其正确复位。 （2）查验合格证和随带技术文件，实行生产许可证和安全认证制度的产品，有许可证编号和安全认证标志。不间断电源柜有出场试验记录。 （3）外观检查：有铭牌，柜内元器件无损坏丢失、接线焊接无脱落，涂层完整，无明显碰撞凹陷

续表

序号	作业	前置任务	作业控制要点
3	配电柜的安装与接地	配电柜的搬运和检查	(1) 柜（屏台）安装应按施工图纸布置，事先编设备号、位号，按顺序将柜（屏、台）安放到基础型钢上。 (2) 柜、屏、台、箱、盘安装垂直度允许偏差为1.5″，相互间接缝不应大于2mm，成列盘面偏差不应大于5mm。 (3) 柜、屏、台、箱、盘的金属框架及基础型钢必须接地（PE）或接零（PEN）可靠；装有电器的可开门，门和框架的接地端子间应用裸编织铜线连接，且有标识。 (4) 低压成套配电柜、控制柜（屏、台）和动力、照明配电箱（盘）应有可靠的电击保护
4	配电柜的接地与整体试验	配电柜的安装与接地	(1) 接地（PE）或接零（PEN）连接完成后，核对柜、屏、台、箱、盘内的元件规格、型号，且交接试验合格，才能投入试运行。 (2) 柜（屏、台）箱（盘）安装，试验调整必须符合施工规范规定，施工安装质量检验应结合外观实测检查安装记录和试验调整记录
5	动照配电箱安装；绝缘摇测	孔洞预留好或预埋件已完成	(1) 弹线定位：根据设计要求找出配电箱（盘）位置，并按照箱（盘）外形尺寸进行弹线定位。配电箱安装底口距地一般为1.5m，明装电度表板底口距地不小于1.8m。在同一建筑物内，同类箱盘高度应一致，允许偏差10mm。 (2) 安装配电箱（盘）的木砖及铁件等均应预埋，挂式配电箱（盘）应采用膨胀螺栓固定。

续表

序号	作业	前置任务	作业控制要点
5	动照配电箱安装；绝缘摇测	孔洞预留好或预埋件已完成	(3) 铁制配电箱（盘）均需先刷一道防锈漆，再刷灰油漆两道。 (4) 配电箱（盘）带有器具的铁制盘面和装有器具的门均应有明显可靠的裸软铜线 PE 线接地。 (5) 配电箱（盘）安装应牢固、平正，其允许偏差不应大于 3mm，配电箱体高 50cm 以下，允许偏差 1.5mm。 (6) 配电箱（盘）上电器、仪表应牢固、平正、整洁、间距均匀。铜端子无松动，启闭灵活，零部件齐全，配电箱内母线相序排列一致，母线色标正确，均匀完整，二次接线排列整齐，回路编号清晰齐全。 (7) 照明箱（盘）内，分别设置零线（N）和保护地线（PE 线）汇流排，零线和保护地线经汇流排配出。 (8) 绝缘摇测：配电箱（盘）全部电器安装完毕后，用 500V 兆欧表对线路进行绝缘摇测。摇测项目包括相线与相线之间，相线与零线之间，相线与地线之间，零线与地线之间，两人进行摇测，同时做好记录，做技术资料存档

2.3 裸母线、封闭母线、插接式母线安装作业要点

卡片编码：变配电室 203，上道工序：土建交接。

序号	作业	前置任务	作业控制要点
1	设备点件检查	障碍已清理，设备进场	(1) 设备开箱点件检查，应由安装单位、建设单位或供货单位共同进行，并做好记录。 (2) 根据装箱单检查设备及附件，其规格、数量、品种应符合设计要求。 (3) 检查设备及附件，分段标志应清晰齐全、外观无损伤变形，母线绝缘电阻符合设计要求。 (4) 检查时，发现设备及附件不符合设计和质量要求时，必须进行妥善处理，经过设计认可后再进行安装。 (5) 支架制作和安装应按设计和产品技术文件的规定制作和安装
2	支架制作安装	设备进场验收完毕	(1) 支架制作 1) 根据施工现场结构类型，支架应采用角钢或槽钢制作。应采用“一”字形、“L”形、“U”字形、“T”字形4种形式。2) 支架的加工制作按选好的型号，测量好的尺寸断料制作，断料时严禁用气焊切割，加工尺寸最大误差5mm。3) 型钢架的揻弯宜使用台钳，用锤子打制，也可使用油压揻弯器用模具顶制。4) 支架上钻孔应使用台钻或手电钻钻孔，不得用气焊割孔，孔径不得大于固定螺栓直径2mm。5) 螺杆套扣，应用套丝机或套丝板加工，不许断丝。

续表

序号	作业	前置任务	作业控制要点
2	支架制作安装	设备进场验收完毕	(2) 支架的安装 1) 封闭插接母线的拐弯处以及与箱（盘）连接处必须加支架。直段插接母线支架的距离不应大于 2m。2) 埋设支架用水泥砂浆，灰砂比 1∶3，采用强度等级 32.5 级及其以上的水泥，应注意灰浆饱满、严实、不高出墙面，埋深不少于 80mm。3) 固定支架的膨胀螺栓不少于两个。一个吊架应用两根吊杆，固定牢固，螺扣外露 2～4 扣，膨胀螺栓应加平垫圈和弹簧垫，吊架应用双螺母夹紧。4) 支架及支架与埋件焊接处刷防腐油漆应均匀，无漏刷，不污染建筑物
3	母线就位安装	支架制作安装	(1) 母线与外壳同心，允许偏差为±5mm (2) 封闭插接母线应按设计和产品技术文件规定进行组装，每段母线组对接续前绝缘电阻测试合格，绝缘电阻值大于 20MΩ，才能安装组对。 (3) 母线槽，固定距离不得大于 2.5m。水平敷设距地高度不应小于 2.2m。 (4) 母线槽的端头应装封闭罩，各段母线槽的外壳的连接应是可拆的，外壳间有跨接地线，两端应可靠接地。 (5) 母线与设备连接采用软连接，母线紧固螺栓应由厂家配套供应，应用力矩扳手紧固。 (6) 封闭式母线垂直安装距地 1.8m 以下应采取保护措施（电气专用竖井、配电室、电机室、技术层等除外）。

续表

序号	作业	前置任务	作业控制要点
3	母线就位安装	支架制作安装	(7) 封闭式母线穿越防火墙、防火楼板时，应采取防火隔离措施
4	绝缘摇测	母线安装	测量各母线相间绝缘电阻以及相对地的绝缘电阻，相间和相对地间的绝缘电阻值应大于0.5MΩ
5	试运行	绝缘摇测和耐压试验合格	(1) 试运行条件：变配电室已达到送电条件，土建及装饰工程及其他工程全部完工，并清理干净。与插接式母线连接设备及联线安装完毕，绝缘良好。 (2) 对封闭式母线进行全面的整理，清扫干净，接头连接紧密，相序正确，外壳接地（PE）或接零（PEN）良好。绝缘摇测和交流工频耐压试验合格，才能通电。低压母线的交流耐压试验电压为1kV，当绝缘电阻值大于10MΩ时，可用2500V兆欧表摇测替代，试验持续时间1min，无闪络现象；高压母线的交接耐压试验，必须符合现行国家标准《电气装置安装工程电气设备交接试验标准》GB 50150的规定。 (3) 送电空载运行24h无异常现象，办理验收手续，交建设单位使用，同时提交验收资料。 (4) 验收资料包括：交工验收单、变更洽商记录、产品合格证、说明书、测试记录、运行记录等

2.4 电缆沟内和电缆竖井内电缆敷设作业要点

卡片编码：变配电室 204，上道工序：土建交接。

序号	作业	前置任务	作业控制要点
1	预埋铁件	土建绑钢筋	(1) 电缆线路敷设前，土建应完成的工作必须完成。 (2) 预留孔洞、预埋件符合设计要求，预埋件埋设牢固
2	支架制作安装	预埋，土建作业完成	电缆支架安装应符合下列规定： (1) 当设计无要求时，电缆支架最上层至竖井顶部或楼板距离不小于 150～200mm，电缆支架最下层至沟底或地面的距离不小于 50～100mm； (2) 支架与预埋件焊接固定时，焊缝饱满；使用膨胀螺栓连接时，选用膨胀螺栓适配，连接紧固，防松零件齐全
3	支架接地	支架制作安装完成	金属电缆支架、电缆导管必须接地（PE）或接零（PEN）可靠

续表

序号	作业	前置任务	作业控制要点
4	电缆敷设，卡固挂标识牌	支架制作安装完成，设备安装完毕	(1) 电缆短时间搬运，一般采用滚动电缆轴的方法。滚动时按电缆轴上箭头指示方向滚动，如无箭头时，可按电缆缠绕方向滚动，以免电缆松动。 (2) 电缆支架的架设地点应选好，以敷设方便为准，一般应在电缆起始点附近为宜。架设时应注意电缆头的转动方向，电缆引出方应在电缆轴的上方。 (3) 电缆敷设时，严禁有绞拧、铠装压扁、护层断裂和表面严重划伤等缺陷。 (4) 垂直敷设或大于45°倾斜敷设的电缆，需要在每个支架上固定。 (5) 交流单芯电缆或分相后的每相电缆固定用的夹具和支架，不形成闭合铁磁回路；电缆排列整齐，少交叉。 (6) 电缆的排列和固定： 1) 电缆敷设排列整齐，间距均匀，不应有交叉现象。2) 大于45°倾斜敷设的电缆，每隔2m处设固定点。3) 水平敷设的电缆，首尾两端、转弯两侧及每隔5～10m处设固定点。4) 对于敷设于垂直桥架内的电缆，每敷设一根应固定1根，全塑型电缆的固定点为1m，其他电缆固定点为1.5m，控制电缆固定点为1m。5) 敷设在竖井及穿越不同防火区的桥架，按设计要求位置，做好防火阻隔。

续表

序号	作业	前置任务	作业控制要点
4	电缆敷设，卡固挂标识牌	支架制作安装完成，设备安装完毕	(7) 电缆挂标志牌： 1) 标志牌规格应一致，并有防腐性能，挂装应牢固。2) 标志牌上应注明电缆编号、规格、型号、电压等级及起始位置。3) 沿电缆桥架敷设的电缆在其两端、拐弯处、交叉处应挂标志牌，直线段应适当增设标志牌
5	做防火堵隔，穿墙或楼板时钢管保护	电缆敷设固定完成	(1) 当设计无要求时，电缆与管道的最小净距，符合下表的规定，且敷设在易燃易爆气体管道和热力管道的下方； **与管道的最小净距（m）** 管道类别 / 平行净距 / 交叉净距 一般工艺管道 / 0.4 / 0.3 易燃易爆气体管道 / 0.5 / 0.5 热力管道（有保温层） / 0.5 / 0.3 热力管道（无保温层） / 1.0 / 0.5 (2) 敷设电缆的电缆沟和竖井，按设计要求位置，有防火墙堵措施
6	绝缘摇测	电缆敷设固定完成	(1) 测量各电缆导体对地或对金属屏蔽层间和各导体间的绝缘电阻。 (2) 测试合格后方可接线

与管道的最小净距（m）

管道类别	平行净距	交叉净距
一般工艺管道	0.4	0.3
易燃易爆气体管道	0.5	0.5
热力管道（有保温层）	0.5	0.3
热力管道（无保温层）	1.0	0.5

续表

序号	作业	前置任务	作业控制要点
7	盖电缆沟盖板	绝缘摇测完成	运输时应考虑盖板受力方向，盖板反向受力，容易造成盖板断裂。将盖板搁置在电缆沟上，电缆沟两头采用经纬仪每 20m 左右定点。拉线调整盖板顺直及平整度。盖板搁置点底部搁置 3mm 厚橡胶皮垫，用以调整盖板的稳定性及表面平整度

2.5 电缆头制作、导线连接和线路电气试验作业要点

卡片编码：变配电室 205，上道工序：电缆敷设。

序号	作业	前置任务	作业控制要点
1	锯断、剥切电缆、导线	电缆敷设完成，配电柜安装完成	(1) 应按设计和实际路径计算每根电缆的长度，合理安排每盘电缆，减少电缆接头。 (2) 切断电缆时不应有金属屑及污物进入电缆。 (3) 剥切电缆时不应损伤线芯和保留的绝缘层。 (4) 制作电缆终端与接头时，从剥切电缆开始应连续操作直至完成，缩短绝缘暴露时间。剥切电缆时不应损伤线芯和保留的绝缘层。附加绝缘的包绕、装配、热缩等应清洁。

续表

序号	作业	前置任务	作业控制要点
1	锯断、剥切电缆、导线	电缆敷设完成，配电柜安装完成	(5) 电缆终端和接头应采取加强绝缘、密封防潮、机械保护等措施。6kV及以上电力电缆的终端和接头，尚应有改善电缆屏蔽断部电场集中的有效措施，并应确保外绝缘相间和对地绝缘。 (6) 在制作塑料绝缘电缆终端头和接头时，应彻底清除半导电屏蔽层。对包带石墨屏蔽层，应使用溶剂擦去碳迹；对挤出屏蔽层，剥除时不得损伤绝缘表面，屏蔽端部应平整
2	电缆焊接压线端子，导线压接接线帽	电缆剥切完毕	(1) 接线端子（接线鼻）：应根据导线的根数和总截面选择相应规格的接线端子。 (2) 焊锡：由锡、铅和锑等元素组合的低熔点（185～260℃）合金。焊锡制成条状或丝状。 (3) 焊剂：能清除污物和抵制工件表面氧化物，一般焊接应采用松香液，将天然松香溶液在酒精中制成乳状液体，适用于铜及铜合金焊件。 (4) C形压线帽：且有阻燃性能氧指数为27%以上，适用于铝导线2.5mm^2、4mm^{2}两种，适用铜导线1～4mm^{2}接头压接，分为黄、白、红、绿、蓝5种颜色，可根据导线截面和根数选择使用（铝导线用绿、蓝；铜线用黄、白、红）

续表

<table>
<tr><th>序号</th><th>作业</th><th>前置任务</th><th>作业控制要点</th></tr>
<tr><td>3</td><td>包缠绝缘胶带</td><td>电缆焊接压线端子，涮锡完毕</td><td>采用橡胶（或粘塑料）绝缘带从导线接头处始端的完好绝缘层开始，缠绕1～2个绝缘带幅宽度，再以半幅宽度重叠进行缠绕。在包扎过程中应尽可能地收紧绝缘带。最后在绝缘层上缠绕1～2圈后，再进行回缠。采用橡胶绝缘带包扎时，应将其拉长2倍后再进行缠绕。然后再用黑胶布包扎，包扎时要衔接好，以半幅宽度边压边进行缠绕，同时在包扎过程中收紧胶布，导线接头处两端应用黑胶布封严密。包扎后应呈枣核形</td></tr>
<tr><td>4</td><td>电缆头外壳与电缆护套及铠装层接地</td><td>电缆敷设完成</td><td>（1）三芯电力电缆接头两侧电缆的金属屏蔽层（或金属套）、铠装层应分别连接良好，不得中断，跨接线的截面不应小于下表接地线截面的规定。直埋电缆接头的金属外壳及电缆的金属护层应做防腐处理。

电缆芯线和接地线截面积（mm²）
<table><tr><th>电缆芯线截面</th><th>接地线截面</th></tr><tr><td>120及以下</td><td>16</td></tr><tr><td>150及以下</td><td>25</td></tr></table>
（2）三芯电力电缆终端处的金属护层必须接地良好；塑料电缆每相铜屏蔽和钢铠应用焊锡焊接接地线。电缆通过零序电流互感器时，电缆金属护层和接地线应对地绝缘，电缆接地点在互感器以下时，接地线应直接接地；接地点在互感器以上时，接地线应穿过互感器接地</td></tr>
</table>

续表

<table>
<tr><th>序号</th><th>作业</th><th>前置任务</th><th>作业控制要点</th></tr>
<tr><td>5</td><td>校相及绝缘摇测</td><td>电缆头外壳与电缆护套及铠装层接地</td><td>(1) 低压电线和电缆，线间和线对地间的绝缘电阻值必须大于0.5MΩ。
(2) 电线、电缆交接试验合格，且对接线去向和相位等检查确认，才能通电。
(3) 电力电缆绝缘电阻值可参照下表中的绝缘电阻值，该表值是将各类电力电缆换算到20℃时的每公里的最低绝缘电阻值。

电力电缆绝缘电阻值
<table>
<tr><th colspan="2">电缆额定电压（kV）</th><th>1</th><th>6</th><th>10</th><th>35</th></tr>
<tr><td rowspan="3">绝缘电阻（MΩ）</td><td>聚氯乙烯电缆</td><td>40</td><td>60</td><td>—</td><td>—</td></tr>
<tr><td>聚乙烯电缆</td><td>—</td><td>1000</td><td>1200</td><td>3000</td></tr>
<tr><td>交联聚乙烯电缆</td><td>—</td><td>1000</td><td>1200</td><td>3000</td></tr>
</table></td></tr>
</table>

2.6 接地装置安装要点

卡片编码：变配电室206，上道工序：土建交接。

序号	作业	前置任务	作业控制要点
1	开挖槽	场地平整，画出走向	(1) 水平接地体敷设在沟槽中，距底板600mm，其下设支架以支撑铜排，水平接地体的敷设沟槽为梯形截面基坑开挖至坑底标高后，根据设计图纸测量放线； (2) 采用浅孔弱振松动爆破技术进行爆破，深度1200mm，上部宽1200mm，下部宽600mm；排干槽内积水，防止浆料稀释
2	预制加工	材料进场验收完毕	(1) 将水平接地体放入沟内，按要求焊接好，相邻接地体连接，并做好防腐处理；用支撑物将水平接地体支撑起来，方便降阻剂浆体包裹； (2) 将降阻剂和水在容器中搅拌均匀，制成浆状，然后均匀灌入沟槽，包裹住水平接地体，包覆厚度最薄处不应小于30mm，保证水平接地体处于降阻剂填充区中心部位；垂直接地极施工：用钻机钻出孔径为150mm的孔，深2.5m； (3) 用底部带有活门的管筒抽干孔洞内积水(防止浆料稀释)，放入垂直接地体并与水平接地体焊接。最后将浆料从孔口灌入，直至充满整个管体及降阻剂填充区，降阻剂用量每米约为23kg，并应保证垂直接地体位于降阻剂填充区中心位置
3	接地装置安装	槽挖完	(1) 引出线在车站结构板以上引出高度不小于0.5m，且必须与车站结构板钢筋绝缘。

续表

序号	作业	前置任务	作业控制要点
3	接地装置安装	槽挖完	(2) 止水环套在钢管上，设于钢管中部。接地引出铜排置于钢管中，钢管在底板钢筋网孔中心穿过（钢管不与结构钢筋接触）铜排与钢管间的空间用环氧树脂填充，保证接地引出极与结构钢筋间的绝缘。 (3) 接地引上线引出点（引出车站结构底板）位置：引出点应位于站台板下夹层内电缆井附近或站台层强/弱电设备用房下电缆夹层内，避开轨底风道、结构墙及轨道等。引出点位置需经相关专业确认
4	回填土	接地电阻摇测合格	(1) 每一部分做完后，实测其接地电阻，记录每次测量的数据，以便及时进行调整。 (2) 待浆料初凝后，回填细土层，并夯实，回填土禁止掺杂石块，引出地面的部分用降阻剂包好
5	做接地电阻测试点	接地装置安装完成	(1) 待接地装置安装完成后，记录好选取测试点的位置、标高、材质、压接的倍数。 (2) 人工接地装置或利用建筑物基础钢筋的接地装置必须在地面以上按设计要求位置设测试点
6	测试接地电阻	接地电阻测试点完成	(1) 接地网随车站底板分段施工，为使整体接地网的接地电阻值满足设计要求，在阶段性施工结束后，按设计要求对已完工部分接地网进行接地电阻测量，以此数据推算出整体接地网的接地电阻值。 (2) 接地电阻的测量采用三极法原理进行；并做好记录。 (3) 接地装置的接地电阻值必须符合设计要求

2.7 避雷引下线和变配电室接地干线敷设作业要点

卡片编码：电气207，上道工序：土建交接。

序号	作业	前置任务	作业控制要点
1	预埋镀锌钢板与避雷引下线焊接	钢板预制完毕，柱筋绑扎	（1）避雷引下线允许焊接连接和专用支架固定，但焊接处要刷油漆防腐，如用专用卡具连接或固定，不破坏镀锌保护层则更好。 （2）暗敷在建筑物抹灰层内的引下线应有卡钉分段固定；明敷的引下线应平直、无急弯，与支架焊接处，油漆防腐，且无遗漏
2	变配电室内墙上卡子安装	预埋件完成，室内清理干净	（1）避雷引下线的敷设方式由施工设计选定，如埋入抹灰层内的引下线则应分段卡牢固定，且紧贴砌体表面，不能有过大的起伏。 （2）避雷引下线允许焊接连接和专用支架固定，但焊接处要刷油漆防腐，如用专用卡具连接或固定，不破坏镀锌保护层则更好
3	明敷镀锌扁钢与预埋镀锌钢板焊接	支持卡子完成设备安装完	（1）沿建筑物外墙明敷设的引下线，从接闪器到接地体，引下线的敷设路径，应尽可能短而直。根据建筑物的具体情况不可能直线引下时，也可以弯曲，但应注意弯曲开口处的距离不得等于或小于弯曲部线段实际长度的0.1倍。引下线也可以暗装，但截面应加大一级。

续表

序号	作业	前置任务	作业控制要点
3	明敷镀锌扁钢与预埋镀锌钢板焊接	支持卡子完成设备安装完	(2) 引下线的固定支点间距离不应大于 2m，敷设引下线时应保持一定松紧度。引下线应躲开建筑物的出入口和行人较易接触到的地点，以免发生危险
4	设备及基础就近与预埋镀锌钢板焊接	明敷接地干线完成	(1) 设备基础必须就近与预埋的钢板可靠连接；电气竖井内的金属设备外壳与竖井内预留钢板可靠连接，以保证重复接地的需要。 (2) 变压器室、高低压开关柜室内的接地干线应有不少于 2 处与接地装置引出干线连接。 (3) 当利用金属构件、金属管道做接地线时，应在构件或管道与接地干线间焊接金属跨接线

3 供电干线

3.1 裸母线、封闭母线、插接式母线安装作业要点

卡片编码：供电干线301，上道工序：土建交接。

序号	作业	前置任务	作业控制要点
1	设备点件检查	障碍已清理、设备进场	(1) 设备开箱点件检查，应由安装单位、建设单位或供货单位共同进行，并做好记录。 (2) 根据装箱单检查设备及附件，其规格、数量、品种应符合设计要求。 (3) 检查设备及附件，分段标志应清晰齐全、外观无损伤变形，母线绝缘电阻符合设计要求。 (4) 检查发现设备及附件不符合设计和质量要求时，必须进行妥善处理，经过设计认可后再进行安装。 (5) 支架制作和安装应按设计和产品技术文件的规定制作和安装

续表

序号	作业	前置任务	作业控制要点
2	支架制作安装	设备进场验收完毕	（1）支架制作 1）根据施工现场结构类型，支架应采用角钢或槽钢制作。应采用“一”字形、“L”形、“U”字形、“T”字形4种形式。2）支架的加工制作按选好的型号，测量好的尺寸断料制作，断料严禁气割切割，加工尺寸最大误差5mm。3）型钢架的揻弯宜使用台钳，用锤子打制，也可使用油压揻弯器用模具顶制。4）支架上钻孔应用台钻或手电钻钻孔，不得用气焊割孔，孔径不得大于固定螺栓直径2mm。5）螺杆套扣，应用套丝机或套丝板加工，不许断丝。 （2）支架的安装 1）封闭插接母线的拐弯处以及与箱（盘）连接处必须加支架。直段插接母线支架的距离不应大于2m。2）埋注支架用水泥砂浆，灰砂比1∶3，强度等级32.5级及其以上的水泥，应注意灰浆饱满、严实、不高出墙面，埋深不少于80mm。3）固定支架的膨胀螺栓不少于两个。一个吊架应用两根吊杆，固定牢固，螺扣外露2～4扣，膨胀螺栓应加平垫圈和弹簧垫，吊架应用双螺母夹紧。4）支架及支架与埋件焊接处刷防腐油漆，应均匀，无漏刷，不污染建筑物
3	母线就位安装	支架制作安装	（1）母线与外壳同心，允许偏差为±5mm。

续表

序号	作业	前置任务	作业控制要点
3	母线就位安装	支架制作安装	(2) 封闭插接母线应按设计和产品技术文件规定进行组装，每段母线组对接续前绝缘电阻测试合格，绝缘电阻值大于 20MΩ，才能安装组对。 (3) 母线槽，固定距离不得大于 2.5m。水平敷设距地高度不应小于 2.2m。 (4) 母线槽的端头应装封闭罩，各段母线槽的外壳的连接应是可拆的，外壳间有跨接地线，两端应可靠接地。 (5) 母线与设备连接采用软连接，母线紧固螺栓应由厂家配套供应，应用力矩扳手紧固。 (6) 封闭式母线垂直安装距地 1.8m 以下应采取保护措施（电气专用竖井、配电室、电机室、技术层等除外）。 (7) 封闭式母线穿越防火墙、防火楼板时，应采取防火隔离措施
4	绝缘摇测	母线安装	测量各母线相间绝缘电阻以及相对地的绝缘电阻，相间和相对地间的绝缘电阻值应大于 0.5MΩ
5	试运行	绝缘摇测和耐压试验合格	(1) 试运行条件：变配电室已达到送电条件，土建及装饰工程及其他工程全部完工，并清理干净。与插接式母线连接设备及连线安装完毕，绝缘良好。

续表

序号	作业	前置任务	作业控制要点
5	试运行	绝缘摇测和耐压试验合格	(2) 对封闭式母线进行全面的整理，清扫干净，接头连接紧密，相序正确，外壳接地（PE）或接零（PEN）良好。绝缘摇测和交流工频耐压试验合格，才能通电。低压母线的交流耐压试验电压为 1kV，当绝缘电阻值大于 10MΩ 时，可用 2500V 兆欧表摇测替代，试验持续时间 1min，无闪络现象；高压母线的交接耐压试验，必须符合现行国家标准《电气装置安装工程电气设备交接试验标准》GB 50150 的规定。 (3) 送电空载运行 24h 无异常现象，办理验收手续，交建设单位使用，同时提交验收资料。 (4) 验收资料包括：交工验收单、变更洽商记录、产品合格证、说明书、测试记录、运行记录等

3.2 桥架安装和桥架内电缆敷设

桥架安装作业要点

卡片编码：供电干线 302（1），上道工序：土建交接。

序号	作业	前置任务	作业控制要点
1	桥架选用	桥架进场	(1) 选用的桥架、线槽及其连接件和附件均应符合国家现行技术标准的规定，并应该有合格证件。

续表

序号	作业	前置任务	作业控制要点
1	桥架选用	桥架进场	（2）桥架、线槽的规格、支吊架跨距，防腐类型应符合设计要求。 （3）桥架、线槽在每个支架上应固定牢固，连接板的螺栓应紧固，螺母位于线槽的外侧。 （4）当直线段金属桥架线槽长度超过 30m 时、玻璃钢制电缆桥架超过 15m 时，应有伸缩缝，其连接应采用伸缩连接板；电缆桥架线槽跨越建筑物伸缩缝、沉降缝时应加设伸缩装置
2	弹线定位	土建结构验收通过障碍物已清理	（1）根据图纸先确定桥架的安装位置，从始端至终端、先干线后支线找水平或垂直线，用粉线袋沿墙壁、顶板、地面等弹出线路的中心线，并按图纸及施工规范的规定，标出桥架的具体位置。 （2）预留孔洞：根据设计图标注的轴线部位，将预制加工好的木质或铁制框架，固定在标出的位置上，并进行调直找正，待现浇混凝土凝固模板拆除后，拆下框架，并抹平孔洞口（收好孔洞口）
3	预埋吊杆吊架或膨胀螺栓安装	弹线定位完毕	（1）预埋吊杆、吊架：采用直径不小于 8mm 的圆钢，经过切割、调直、搣弯及焊接等步骤制作成吊杆、吊架。其端部应攻丝，以便于调整。在配合土建结构中，应随钢筋配筋的同时，将吊杆或吊架锚固地方标出的固定位置。在混凝土浇筑时，要留有专人看护，以防吊杆或吊架移位。拆模板时不得碰坏吊杆端部的丝扣。

续表

序号	作业	前置任务	作业控制要点
3	预埋吊杆吊架或膨胀螺栓安装	弹线定位完毕	(2) 预埋铁的自制加工尺寸不应小于120mm×60mm×6mm；其锚固圆钢的直径不应小于8mm。紧密配合土建结构的施工，将预埋铁的平面放在钢筋网片下面，紧贴模板，可以采用绑扎或焊接的方法将锚固圆钢固定在钢筋网上。模板拆除后，预埋铁的平面应明露，或吃进深度一般在10～20mm，将扁钢或角钢制成的支架、吊架焊在上面固定。 (3) 根据支架或吊架承重的负荷，选择相应的金属膨胀螺栓及钻头，所选钻头的长度应大于套管长度
4	螺栓固定吊架与支架	螺栓固定完成	(1) 支架与吊架所用钢材应平直，无显著扭曲。下料后长短偏差应在5mm范围内，切口处应无卷边、毛刺。 (2) 钢支架与吊架应焊接牢固，无显著变形、焊缝均匀平整，焊缝长度应符合要求，不得出现裂缝、咬边、气孔、凹陷、漏焊、焊漏等缺陷 (3) 支架与吊架应安装牢固，保证横平竖直，在有坡度的建筑物上安装支架与吊架时，应与建筑物有相同的坡度。 (4) 支架与吊架的规格一般不应小于扁铁30mm×3mm；角钢25mm×25mm×3mm。 (5) 严禁用电焊、气割切割钢结构或轻钢龙骨任何部位，焊接后均应做防腐处理。

续表

序号	作业	前置任务	作业控制要点
4	螺栓固定吊架与支架	螺栓固定完成	(6) 万能吊具应采用定型产品，对线槽进行吊装，并应有各自独立的吊装卡具或支撑系统。 (7) 固定支点间距一般不应大于 1.5～2m。在进出接线盒、箱、柜、转角、转弯和变形缝两端及丁字接头的三端 500mm 以内应设置固定支撑点
5	桥架安装	支吊架固定完毕	(1) 桥架线槽应平整，无扭曲变形，齐全。内壁无毛刺。 (2) 直线段钢制电缆架长度超过 30m、铝合金或玻璃钢制电缆桥架长度超过 1.5mm 时，设有伸缩节；电缆桥架跨越建筑物变形缝处设置补偿装置。 (3) 电缆桥架转弯处的弯曲半径，不小于桥架内电缆最小允许弯曲半径
6	保护地线安装	桥架敷设完毕	金属电缆桥架和引入或引出的金属电缆导管必须接地（PE）或接零（PEN）可靠，且必须符合下列规定： (1) 金属电缆桥架及其支架全长应不少于 2 处与接地（PE）或接零（PEN）干线相连接。 (2) 非镀锌电缆桥架间连接板的两端跨接铜芯地线，接地线最小允许截面积不小于 $4mm^2$。 (3) 镀锌电缆桥架间连接板的两端不跨接接地线，但连接板两端不少于 2 个有防松螺母或防松垫圈的连接固定螺栓

3.3 桥架内电缆敷设作业要点

卡片编码：供电干线302（2），上道工序：桥架敷设

序号	作业	前置任务	作业控制要点
1	电缆选用	电缆进场桥架敷设完毕	（1）按批查验合格证，合格证有生产许可证编号。 （2）外观检查：包装完好，抽检的电线绝缘层完整无损，厚度均匀。电缆无压扁、扭曲，铠装不松卷。耐热、阻燃的电线、电缆外护层有明显标识和制造厂标； （3）按制造标准，现场抽样检测绝缘层厚度和圆形线芯的直径；线芯直径误差不大于标称直径的1%。 （4）对电线、电缆绝缘性能、导电性能和阻燃性能有异议时，按批抽样，送有资质的试验室检测
2	敷设电缆	桥架，设备安装完成设备	（1）电缆牵引可用人力或机械牵引，见直埋电缆牵引方式。 （2）水平敷设： 1）电缆沿桥架或托盘敷设时，应将电缆单层敷设，排列整齐。不得有交叉，拐弯处应以最大截面电缆允许弯曲半径为准。2）不同等级电压的电缆应分层敷设，高压电缆应敷设在最上层。3）同等级电压的电缆沿桥架敷设时，电缆水平净距不得小于35mm。4）电缆敷设排列整齐，水平敷设的电缆，首尾两端、转弯两侧及每隔5～10m处设固定点。

续表

序号	作业	前置任务	作业控制要点
2	敷设电缆	桥架，设备安装完成设备	（3）垂直敷设： 1）垂直敷设电缆时，有条件的最好自上而下敷设。土建未拆吊车前，用吊车将电缆吊至楼层顶部；敷设前，选好位置，架好电缆盘，电缆的向下弯曲部位用滑轮支撑电缆，在电缆轴附近和部分楼层应设制动和防滑措施；敷设时，同截面电缆应先敷设低层，再敷设高层。 2）自下而上敷设时，低层小截面电缆可用滑轮，人麻绳人力牵引敷设。高层大截面电缆宜用机械牵引敷设。 （4）电缆的排列和固定： 1）电缆敷设排列整齐，间距均匀，不应有交叉现象。2）大于45°倾斜敷设的电缆每隔2m处设固定点。3）水平敷设的电缆，首尾两端、转弯两侧及每隔5～10m处设固定点。4）对于敷设于垂直桥架内的电缆，每敷设1根应固定1根，全塑型电缆的固定点为1m，其他电缆固定点为1.5m，控制电缆固定点为1m。5）敷设在竖井及穿越不同防火区的桥架，按设计要求位置，做好防火阻隔
3	挂标识牌	电缆敷设完毕	（1）标志牌规格应一致，并有防腐性能，挂装应牢固。 （2）标志牌上应注明电缆编号、规格、型号、电压等级及起始位置。 （3）沿电缆桥架敷设的电缆在其两端、拐弯处、交叉处应挂标志牌，直线段应适当增设标志牌

续表

序号	作业	前置任务	作业控制要点
4	线路检查绝缘摇测	电缆敷设	(1) 对线路进行校线检查。 (2) 测量各电缆导体对地或对金属屏蔽层间和各导体间的绝缘电阻

3.4 电缆沟内和电缆竖井内电缆敷设作业要点

卡片编码：供电干线303，上道工序：土建交接。

序号	作业	前置任务	作业控制要点
1	预埋铁件	土建绑钢筋	(1) 电缆线路敷设前，土建应完成的工作必须完成。 (2) 预留孔洞、预埋件符合设计要求，预埋件埋设牢固
2	支架制作安装	预埋，土建作业完成	电缆支架安装应符合下列规定： (1) 当设计无要求时，电缆支架最上层至竖井顶部或楼板距离不小于150～200mm，电缆支架最下层至沟底或地面的距离不小于50～100mm；

续表

序号	作业	前置任务	作业控制要点
2	支架制作安装	预埋，土建作业完成	（2）支架与预埋件焊接固定时，焊缝饱满；用膨胀螺栓连接时，选用螺栓适配，连接紧固，防松零件齐全
3	支架接地	支架制作安装完成	金属电缆支架、电缆导管必须接地（PE）或接零（PEN）可靠
4	电缆搬运、敷设、卡固、挂标识牌	支架制作安装完成，设备安装完毕	（1）电缆短时间搬运，一般采用滚动电缆轴的方法。滚动时按电缆轴上箭头指示方向滚动，如无箭头时，可按电缆缠绕方向滚动，以免电缆松动。 （2）电缆支架的架设地点应选好，以敷设方便为准，一般应在电缆起始点附近为宜。架设时应注意电缆头的转动方向，电缆引出方应在电缆轴的上方。 （3）电缆敷设严禁有绞拧、铠装压扁、护层断裂和表面严重划伤等缺陷。 （4）垂直敷设或大于45°倾斜敷设的电缆，在每个支架上固定； （5）交流单芯电缆或分相后的每相电缆固定用的夹具和支架，不形成闭合铁磁回路；电缆排列整齐，少交叉。

续表

序号	作业	前置任务	作业控制要点
4	电缆搬运、敷设、卡固、挂标识牌	支架制作安装完成，设备安装完毕	(6) 电缆的排列和固定： 1) 电缆敷设排列整齐，间距均匀，不应有交叉现象。2) 大于45°倾斜敷设的电缆，每隔2m处设固定点。3) 水平敷设的电缆，首尾两端、转弯两侧及每隔5～10m处设固定点。4) 对于敷设于垂直桥架内的电缆，每敷设一根应固定1根，全塑型电缆的固定点为1m，其他电缆固定点为1.5m，控制电缆固定点为1m。5) 敷设在竖井及穿越不同防火区的桥架，按设计要求位置，做好防火阻隔。 (7) 电缆挂标志牌 1) 标志牌规格应一致，并有防腐性能，挂装应牢固。2) 标志牌上应注明电缆编号、规格、型号、电压等级及起始位置。3) 沿电缆桥架敷设的电缆在其两端、拐弯处、交叉处应挂标志牌，直线段应适当增设标志牌
5	做防火堵隔穿墙或楼板时钢管保护	电缆敷设固定完成	(1) 当设计无要求时，电缆与管道的最小净距，符合下表的规定，且敷设在易燃易爆气体管道和热力管道的下方。

续表

<table>
<tr><th>序号</th><th>作业</th><th>前置任务</th><th>作业控制要点</th></tr>
<tr><td>5</td><td>做防火堵隔穿墙或楼板时钢管保护</td><td>电缆敷设固定完成</td><td>与管道的最小净距（m）
<table>
<tr><th>管道类别</th><th>平行净距</th><th>交叉净距</th></tr>
<tr><td>一般工艺管道</td><td>0.4</td><td>0.3</td></tr>
<tr><td>易燃易爆气体管道</td><td>0.5</td><td>0.5</td></tr>
<tr><td>热力管道（有保温层）</td><td>0.5</td><td>0.3</td></tr>
<tr><td>热力管道（无保温层）</td><td>1.0</td><td>0.5</td></tr>
</table>
（2）敷设电缆的电缆沟和竖井，按设计要求位置，有防火墙堵措施</td></tr>
<tr><td>6</td><td>绝缘摇测</td><td>电缆敷设固定完成</td><td>（1）测量各电缆导体对地或对金属屏蔽层间和各导体间的绝缘电阻。
（2）测试合格后方可接线</td></tr>
<tr><td>7</td><td>盖电缆沟盖板</td><td>绝缘摇测完成</td><td>运输时应考虑盖板受力方向，盖板反向受力，容易造成盖板断裂。将盖板搁置在电缆沟上，电缆沟两头采用经纬仪每 20m 左右定点。拉线调整盖板顺直及平整度。盖板搁置点底部搁置 3mm 厚橡胶皮垫，用以调整盖板的稳定性及表面平整度</td></tr>
</table>

3.5 电线、电缆导管和线槽敷设管路暗敷设作业要点

卡片编码：供电干线 304（1），上道工序：土建交接。

序号	作业	前置任务	作业控制要点
1	管材选用	管材进场	（1）主材：钢管具备有效的产品合格证，原材合格证，镀锌管外表层完整、无剥落现象。 （2）辅材：灯头盒、接线盒、开关盒、插座盒、直管接头、螺纹管接头、护口、管卡、圆钢、扁钢、角钢、防锈漆等具有合格证，螺栓、螺母、垫圈为镀锌件，镀锌层完整无缺
2	预制加工	管材进场	（1）ϕ25 及以下的管弯采用冷摵法，用手动摵弯器加工；ϕ32～ϕ40 的管弯采用成品件。 （2）管子切断：钢管用钢锯切断；管口处平齐、无毛刺，管内无铁屑，长度适当
3	弹线定位	模板铺设完毕	（1）按照设计图测出盒、箱、出线口等准确位置。测量时，应使用自制尺杆，弹线定位。 （2）根据测定的盒、箱位置，把管路的垂直点水平线弹出，按照要求标出支架、吊架固定点具体尺寸位置
4	盒、箱定位固定	弹线定位完毕	（1）墙体上稳装盒箱：盒箱要平整牢固，坐标位置准确，盒箱口封堵完好；当盒箱保护层小于 3mm 时，为防止墙体空裂，需加金属网全面然后再抹灰。

续表

序号	作业	前置任务	作业控制要点
4	盒、箱定位固定	弹线定位完毕	(2) 顶板上稳装灯头盒：灯头盒坐标位置准确，盒子要封堵完好，建议使用活底灯头盒
5	导管暗敷设	箱盒固定下层钢筋敷设完毕	(1) 暗配管路宜沿最近路线敷设，并尽量减少弯曲；埋入墙体或顶板内的钢管，离表面的净距不小于15mm，消防管路不小于30mm。 (2) 敷设于多尘、潮湿场所的管路，管口处均应做密封处理，穿入防管路应做密封处理。 (3) 落地式配电箱（柜）内的管路（指下方），排列整齐，管口应高出基础面50～80mm
6	地线连接	管路敷设完毕	(1) 管路应作整体接地连接，穿过建筑物变形缝时，应有接地补偿装置。如采用跨接方法连接，跨接地线两端焊接面不得小于该跨接截面的6倍。 (2) 卡接：镀锌钢管或可挠金属电线保护管，应有专用接线卡连接，不得采用熔焊连接角线

3.6 管路明敷设作业要点

卡片编码：供电干线304（2），上道工序：土建交接。

序号	作业	前置任务	作业控制要点
1	管材选用	管材进场	镀锌钢管（或电线管）壁厚均匀，焊缝均匀，无劈裂、砂眼、棱刺凹扁现象。除镀锌管外，其他管材需预先除锈，刷防腐漆（埋入现浇混凝土时，可不刷防腐漆，但应除锈），镀锌管或刷过防腐漆的钢管外表层完整，无剥落现象，应具有产品材质单和合格证
2	预制加工	管材进场	（1）ϕ25 及以下的管弯采用冷摵法，用手动摵弯器加工；ϕ32～ϕ40 的管弯采用成品件。 （2）管子切断：钢管用钢锯切断；管口处平齐、无毛刺，管内无铁屑，长度适当
3	弹线定位	土建结构验收障碍物已清理	（1）按照设计图测出盒、箱、出线口等准确位置。成排成列的箱盒位置，应挂通线或十字线安装找正。 （2）根据测定的盒、箱位置，把管路的垂直点水平线弹出，按照要求标出支架、吊架固定点具体尺寸位置
4	支吊架固定	支吊架制作及弹线定位完毕	（1）支架、吊架要按图纸设计进行加工。 （2）无论采用何种固定方法，均应先固定两端支架、吊架，然后拉直线固定中间的支架、吊架。 （3）箱盒固定：采用定型箱盒，需在箱盒下侧 100～150mm 处加稳固支架，将管固定在支架上，箱盒安装应牢固平整，开孔整齐，并与管径相吻合。要求一管一孔，不得开长孔。铁制箱盒严禁采用气焊开孔

续表

序号	作业	前置任务	作业控制要点
5	导管明敷设	支吊架固定完毕	(1) 根据设计图纸加工支架、吊架，固定卡采用成品件，接线盒使用成品明装盒。 (2) 敷设于多尘、潮湿场所的管路，管口处均应做密封处理，穿入防管路应做密封处理。 (3) 消防管路刷防火涂料
6	地线连接	管路敷设完毕	(1) 管路应做整体接地连接，穿过建筑物变形缝时，应有接地补偿装置。如采用跨接方法连接，跨接地线两端焊接面不得小于该跨接截面的 6 倍。焊缝均匀牢固，焊接处要清除焊渣，刷防腐漆。 (2) 卡接：镀锌钢管或可挠金属电线保护管，应有专用接线卡连接，不得采用熔焊连接角线

3.7　线槽敷设作业要点

卡片编码：供电干线 304 (3)，上道工序：土建交接。

序号	作业	前置任务	作业控制要点
1	线槽选用	线槽进场	(1) 主材：具备有效的产品合格证或检验报告，线槽内外无棱刺、无扭曲、翘边等变形现象；保护层完整、无剥落及锈蚀现象。

续表

序号	作业	前置任务	作业控制要点
1	线槽选用	线槽进场	(2) 辅材：连接板、内衬片、金属膨胀螺栓、半圆头螺栓、螺母、垫圈为镀锌件，镀锌层完整无缺
2	预制加工	线槽验收完毕	线槽内外应光滑平整，无棱刺，不应有扭曲，翘边等变形现象
3	弹线定位	土建结构验收通过	根据图纸先确定配电箱（柜）等电气器具的安装位置，从始端至终端、先干线后支线找水平或垂直线，用粉线袋沿墙壁、顶板、地面等弹出线路的中心线，并按图纸及施工规范的规定，分匀支架、吊架的挡距，标出支架、吊架的具体位置
4	支吊架固定	障碍清理弹线定位完毕	(1) 根据支架、吊架所承荷载，确定支架、吊架的规格，在线槽订货时向厂家作技术交底，由厂家一并与线槽统一加工。 (2) 膨胀螺栓埋好后，用螺母配上相应的垫圈将支架、吊架直接固定在金属膨胀螺栓上。 (3) 支架、吊架安装后，拉线进行调平、调正
5	线槽敷设	预留孔洞清理及支吊架固定完毕	(1) 线槽应平整，无扭曲变形，内壁无毛刺，各种附件齐全。 (2) 线槽的接口应平整，接缝处应紧密平直。槽盖装上后应平整，无翘角，出线口的位置准确。 (3) 在吊顶内敷设时，如果吊顶无法上人时应留有检修孔。

续表

序号	作业	前置任务	作业控制要点
5	线槽敷设	预留孔洞清理及支吊架固定完毕	(4) 不允许将穿过墙壁的线槽与墙上的孔洞一起抹死。 (5) 线槽的所有非导电部分的铁件均应相互连接和跨接，使之成为一连续导体，并做好整体接地
6	地线连接	线槽敷设完毕	(1) 金属线槽应做整体接地连接，地脚螺栓直径不小于 M6。 (2) 弱电金属线槽等电位敷设方法可沿线槽外（内）侧敷设一道镀锌扁钢，扁钢与接地干线相连，每 25～30m 与线槽连接一次；线槽首末端需接地；弱电竖井应做等电位。 (3) 过变形缝处的线槽，把变形缝两侧的线槽进行地线跨接

3.8 电线、电缆穿管和线槽敷线电线、电缆穿管作业要点

卡片编码：供电干线 305（1），上道工序：线管、线槽敷设。

序号	作业	前置任务	作业控制要点
1	穿带线	管路敷设完毕，现场清理干净	(1) 带线一般均采用 1.2～2.0mm 的铁丝。先将铁丝的一端弯成不封口的圆圈，再利用穿线器将带线穿入管路内，在管路的两端均应留有 10～15cm 的余量。 (2) 在管路较长或转弯较多时，可以在敷设管路的同时将带线一并穿好。 (3) 穿带线受阻时，应用两根铁丝同时搅动，使两根铁丝的端头互相钩绞在一起，然后将带线拉出。 (4) 阻燃型塑料波纹管壁呈波纹状，带线的端头要变成圆形
2	扫管	穿带线完毕，土建湿作业完成	(1) 清扫管路的目的是清除管路中的灰尘、泥水等杂物。 (2) 清扫管路的方法：将布条的两端牢固地绑扎在带线上，两人来回拉动带线，将管内杂物清除干净
3	放线及断线	扫管完毕	(1) 放线前应根据施工图对导线的规格、型号进行核对。 (2) 放线时导线置于放线架或放线车上。 (3) 断线：剪断导线时，导线的预留长度应按以下 4 种情况考虑。 1) 接线盒、开关盒、插销盒及灯头盒内导线的预留长度应为 15cm。2) 配电箱内导线的预留长度应为配电箱体周长的 1/2。3) 出户导线的预留长度应为 1.5m。4) 共用导线在分支处，可不剪断导线而直接穿过

续表

序号	作业	前置任务	作业控制要点
4	穿线	放线完毕	（1）钢管（电线管）在穿线前，应首先检查各个管口的护口是否齐整，如有遗漏或破损，均应补齐和更换。 （2）当管路较长或转弯较多时，要在穿线的同时往管内吹入适量的滑石粉。 （3）交流回路的导线必须穿于同一管内。 （4）不同回路、不同电压和交流与直流的导线，不得穿入同一管内。 （5）线在变形缝处，补偿装置应活动自如。导线应留有一定的余度。 （6）敷设于垂直管路中的导线，当超过下列长度时应在管口处和接线盒中加以固定：1）截面积为 $50mm^2$ 及以下的导线为 30m；2）截面积为 $70\sim95mm^2$ 的导线为 20m；3）截面积在 $180\sim240mm^2$ 之间的导线为 18m。 （7）穿入管内的绝缘导线，不准接头和局部绝缘破损及死弯。导线外径总截面不应超过管内面积的 40%
5	绝缘摇测	穿线完毕，在装器具前	（1）线路的绝缘摇测一般选用 500V、量程为 0～500MΩ 的兆欧表。测量线路绝缘电阻时：兆欧表上有三个分别标有“接地”（E）；“线路”（L）；“保护环”（G）的端钮。可将被测两端分别接于 E 和 L 两个端钮上。

续表

序号	作业	前置任务	作业控制要点
5	绝缘摇测	穿线完毕，在装器具前	(2) 电气器具未安装前进行线路绝缘摇测时，首先将灯头盒内导线分开，开关盒内导线连通。摇测应将干线和支线分开，一人摇测，一人应及时读数并记录。摇动速度应保持在120r/min左右，读数应采用1min后的数值为宜。 (3) 电气器具全部安装完毕，在送电前进行摇测，应先将线路上的开关、刀闸、仪表、仪表、设备等用电开关全部置于断开位置，摇测方法同上所述，确认绝缘摇测无误后再进行送电试运行

3.9 线槽敷线作业要点

卡片编码：供电干线305（2），上道工序：线槽敷设。

序号	作业	前置任务	作业控制要点
1	放线及断线	线槽敷设完毕，粗装修基本完成	(1) 放线前应根据施工图对导线的规格、型号进行核对。 (2) 放线时导线置于放线架或放线车上。 (3) 断线：剪断导线时，导线的预留长度应按以下4种情况考虑。

续表

序号	作业	前置任务	作业控制要点
1	放线及断线	线槽敷设完毕，粗装修基本完成	1）接线盒、开关盒、插销盒及灯头盒内导线的预留长度应为15cm。2）配电箱内导线的预留长度应为配电箱体周长的1/2。3）出户导线的预留长度应为1.5m。4）共用导线在分支处，可不剪断导线而直接穿过
2	线槽敷线	放线断线完毕	（1）电线在线槽内有一定余量，不得有接头。电线按回路编号分段绑扎，绑扎点间距不应大于2m。 （2）同一回路的相线和零线，敷设于同一金属线槽内。 （3）同一电源的不同回路无抗干扰要求的线路可敷设在同一线槽内；敷设于同一线槽内有抗干扰要求的线路用隔板隔离，或采用屏蔽电线且屏蔽护套一端接地
3	线路绑扎	敷线完毕	（1）当导线根数较少时，例如二至三根导线，可将导线前端的绝缘层削去，然后将线芯直接插入带线的盘圈内并折回压实，绑扎牢固。使绑扎处形成一个平滑的锥形过渡部位。 （2）当导线根数较多或导线截面积较大时，可将导线前端的绝缘层削去，然后将线芯斜错排列在带线上，用绑线缠绕绑扎牢固。令绑扎接头处形成一个平滑的锥形过渡部位，便于穿线

续表

序号	作业	前置任务	作业控制要点
4	绝缘摇测	穿线完毕，在接线前	(1) 绝缘摇测分两次进行：电缆敷设前；电缆敷设完毕，送电前。 (2) 1kV 以下电缆，用 1kV 兆欧表摇测相线间、相对零、零对地、相对地间的绝缘电阻，要求绝缘电阻值不低于 0.5MΩ

3.10　电缆头制作、导线连接和线路电气试验作业要点

卡片编码：供电干线 306，上道工序：电缆敷设。

序号	作业	前置任务	作业控制要点
1	锯断、剥切电缆、导线	电缆敷设完成配电柜安装完成	(1) 应按设计和实际路径计算每根电缆的长度，合理安排每盘电缆，减少电缆接头。 (2) 切断电缆时不应有金属屑及污物进入电缆。 (3) 剥切电缆时不应损伤线芯和保留的绝缘层。 (4) 制作电缆终端与接头，从剥切电缆开始应连续操作直至完成，缩短绝缘暴露时间。剥切电缆时不应损伤线芯和保留的绝缘层。附加绝缘的包绕、装配、热缩等应清洁。

续表

序号	作业	前置任务	作业控制要点
1	锯断、剥切电缆、导线	电缆敷设完成配电柜安装完成	(5) 电缆终端和接头应采取加强绝缘、密封防潮、机械保护等措施。6kV及以上电力电缆的终端和接头，尚应有改善电缆屏蔽断部电场集中的有效措施，并应确保外绝缘相间和对地绝缘。 (6) 在制作塑料绝缘电缆终端头和接头时，应彻底清除半导电屏蔽层。对包带石墨屏蔽层，应使用溶剂擦去碳迹；对挤出屏蔽层，剥除时不得损伤绝缘表面，屏蔽端部应平整
2	电缆焊接压线端子，导线压接接线帽	电缆剥切完毕	(1) 接线端子（接线鼻）：应根据导线的根数和总截面选择相应规格的接线端子。 (2) 焊锡：由锡、铅和锑等元素组合的低熔点（185～260℃）合金。焊锡制成条状或丝状。 (3) 焊剂：能清除污物和抵制工件表面氧化物，一般焊接应采用松香液，将天然松香溶液在酒精中制成乳状液体，适用于铜及铜合金焊件。 (4) C形压线帽：且有阻燃性能氧指数为27%以上，适用于铝导线2.5mm^2、4mm^2两种，适用铜导线1～4mm^2结头压接，分为黄、白、红、绿、蓝5种颜色，可根据导线截面和根数选择使用（铝导线用绿、蓝；铜线用黄、白、红）

续表

<table>
<tr><th>序号</th><th>作业</th><th>前置任务</th><th>作业控制要点</th></tr>
<tr><td>3</td><td>包缠绝缘胶带</td><td>电缆焊接压线端子，涮锡完毕</td><td>采用橡胶（或粘塑料）绝缘带从导线接头处始端的完好绝缘层开始，缠绕 1～2 个绝缘带幅宽度，再以半幅宽度重叠进行缠绕。在包扎过程中应尽可能地收紧绝缘带。最后在绝缘层上缠绕 1～2 圈后，再进行回缠。采用橡胶绝缘带包扎时，应将其拉长 2 倍后再进行缠绕。然后再用黑胶布包扎，包扎时要衔接好，以半幅宽度边压边进行缠绕，同时在包扎过程中收紧胶布，导线接头处两端应用黑胶布封严密。包扎后应呈枣核形</td></tr>
<tr><td>4</td><td>电缆头外壳与电缆护套及铠装层接地</td><td>电缆敷设完成</td><td>(1) 三芯电力电缆接头两侧电缆的金属屏蔽层(或金属套)、铠装层应分别连接良好，不得中断，跨接线的截面不应小于下表接地线截面的规定。直埋电缆接头的金属外壳及电缆的金属护层应做防腐处理。

电缆芯线和接地线截面积（mm^2）
<table><tr><th>电缆芯线截面</th><th>接地线截面</th></tr><tr><td>120 及以下</td><td>16</td></tr><tr><td>150 及以下</td><td>25</td></tr></table></td></tr>
</table>

续表

<table>
<tr><th>序号</th><th>作业</th><th>前置任务</th><th>作业控制要点</th></tr>
<tr><td>4</td><td>电缆头外壳与电缆护套及铠装层接地</td><td>电缆敷设完成</td><td>(2) 三芯电力电缆终端处的金属护层必须接地良好；塑料电缆每相铜屏蔽和钢铠应用焊锡焊接接地线。电缆通过零序电流互感器时，电缆金属护层和接地线应对地绝缘，电缆接地点在互感器以下时，接地线应直接接地；接地点在互感器以上时，接地线应穿过互感器接地</td></tr>
<tr><td>5</td><td>校相及绝缘摇测</td><td>电缆头外壳与电缆护套及铠装层接地</td><td>(1) 低压电线和电缆，线间和线对地间的绝缘电阻值必须大于 0.5MΩ。
(2) 电线、电缆交接试验合格，且对接线去向和相位等检查确认，才能通电。
(3) 电力电缆绝缘电阻值可参照下表中的绝缘电阻值，该表值是将各类电力电缆换算到20℃时的每公里的最低绝缘电阻值。
电力电缆绝缘电阻值
<table>
<tr><th colspan="2">电缆额定电压（kV）</th><th>1</th><th>6</th><th>10</th><th>35</th></tr>
<tr><td rowspan="3">绝缘电阻（MΩ）</td><td>聚氯乙烯电缆</td><td>40</td><td>60</td><td>—</td><td>—</td></tr>
<tr><td>聚乙烯电缆</td><td>—</td><td>1000</td><td>1200</td><td>3000</td></tr>
<tr><td>交联聚乙烯电缆</td><td>—</td><td>1000</td><td>1200</td><td>3000</td></tr>
</table>
</td></tr>
</table>

4 电气动力

4.1 成套配电柜、控制柜（屏、台）和动力、照明配电箱（盘）安装作业要点

卡片编码：电气动力 401，上道工序：土建交接。

序号	作业	前置任务	作业控制要点
1	基础施工	设备进场画线定位	（1）基础型钢安装宜由安装施工单位承担。如由土建单位承担，设备安装前应做好中间交接。 （2）型钢预先调直，除锈，刷防锈底漆。 （3）基础型钢架可预制或现场组装。按施工图纸所标位置，将预制好的基础型钢架或型钢焊牢在基础预埋铁上。用水准仪及水平尺找平，校正。需用垫片的地方，须按钢结构施工规范要求。垫片最多不超过 3 片，焊后清理，打磨，补刷防锈漆。 （4）基础型钢与接地母线连接，将接地扁钢引入并与基础型钢两端焊牢。焊缝长度为接地扁钢宽度的 2 倍
2	配电柜的搬运和检查	基础施工	（1）成套配电柜、屏、台、箱、盘在运输过程中，因受振动使螺栓松动或导线连接脱落是经常发生的，所以进场验收时要注意检查，以利采取措施，使其正确复位。

续表

序号	作业	前置任务	作业控制要点
2	配电柜的搬运和检查	基础施工	(2) 查验合格证和随带技术文件，实行生产许可证和安全认证制度的产品，有许可证编号和安全认证标志。不间断电源柜有出场试验记录。 (3) 外观检查：有铭牌，柜内元器件无损坏丢失、接线无脱落焊，涂层完整，无明显碰撞凹陷
3	配电柜的安装与接地	配电柜的搬运和检查	(1) 柜（屏台）安装应按施工图纸布置，事先编设备号、位号，按顺序将柜（屏、台）安放到基础型钢上。 (2) 柜、屏、台、箱、盘安装垂直度允许偏差为1.5″，相互间接缝不应大于2mm，成列盘面偏差不应大于5mm。 (3) 柜、屏、台、箱、盘的金属框架及基础型钢必须接地（PE）或接零（PEN）可靠；装有电器的可开门，门和框架的接地端子间应用裸编织铜线连接，且有标识。 (4) 低压成套配电柜、控制柜（屏、台）和动力、照明配电箱（盘）应有可靠的电击保护
4	配电柜的接地与整体试验	配电柜的安装与接地	(1) 接地（PE）或接零（PEN）连接完成后，核对柜、屏、台、箱、盘内的元件规定、型号，且交接试验合格，才能投入试运行。 (2) 柜（屏、台）箱（盘）安装，试验调整必须符合施工规范规定，施工安装质量检验应结合外观实测检查安装记录和试验调整记录

续表

序号	作业	前置任务	作业控制要点
5	动照配电箱装绝缘摇测	孔洞预留好或预埋件已完成	(1) 弹线定位：根据设计要求找出配电箱（盘）位置，并按照箱（盘）外形尺寸进行弹线定位。配电箱安装底口距地一般为 1.5m，明装电度表板底口距地不小于 1.8m。在同一建筑物内，同类箱盘高度应一致，允许偏差 10mm。 (2) 安装配电箱（盘）的木砖及铁件等均应预埋，挂式配电箱（盘）应采用膨胀螺栓固定。 (3) 铁制配电箱（盘）均需先刷一道防锈漆，再刷灰油漆两道。 (4) 配电箱（盘）带有器具的铁制盘面和装有器具的门均应有明显可靠的裸软铜线 PE 线接地。 (5) 配电箱（盘）安装应牢固、平正，其允许偏差不应大于 3mm，配电箱体高 50cm 以下，允许偏差 1.5mm。 (6) 配电箱（盘）上电器，仪表应牢固、平正、整洁、间距均匀。铜端子无松动，启闭灵活，零部件齐全。配电箱内母线相序排列一致，母线色标正确，均匀完整，二次接线排列整齐，回路编号清晰、齐全。 (7) 照明箱（盘）内，分别设置零线（N）和保护地线（PE 线）汇流排，零线和保护地线经汇流排配出。 (8) 绝缘摇测：配电箱（盘）全部电器安装完毕后，用 500V 兆欧表对线路进行绝缘摇测。摇测项目包括相线与相线之间，相线与零线之间，相线与地线之间，零线与地线之间，两人进行摇测，同时做好记录，做技术资料存档

4.2 低压电动机、电加热器及电动执行机构检查、接线作业要点

卡片编码：电气动力 402，上道工序：电机安装。

序号	作业	前置任务	作业控制要点
1	检查电机功率型号电压	电动机安装前已检查完毕	(1) 备开箱点件应由安装单位、供货单位，会同建设单位代表共同进行，并做好记录。 (2) 按照设备清单、技术文件，对设备及其附件、备件的规格、型号、数量进行详细核对。 (3) 电动机、电加热器、电动执行机构本体、控制和起动设备外观检查应无损伤及变形，油漆完好。 (4) 电动机、电加热器、电动执行机构本体、控制和起动设备应符合设计要求，并应有合格证件，设备应有铭牌
2	抽芯检查	经检查电动机超保证期限，试运转有异常	电动机有下列情况之一时，应作抽芯检查：出厂日期超过制造厂保证期限，无保证期限的已超过出厂时间一年以上；外观检查、电气试验、手动盘车和试运转，有异常情况者。电动机抽芯检查应符合下列规定： (1) 线圈绝缘层完好、无伤痕，端部绑线不松动，槽固定、无断裂，引线，焊接饱满，内部清洁，通风孔道无堵塞；

续表

序号	作业	前置任务	作业控制要点
2	抽芯检查	经检查电动机超保证期限，试运转有异常	(2) 轴承无锈斑，注油（脂）的型号、规格和数量正确，转子平衡块紧固，平衡螺丝锁紧，风扇叶片无裂纹；磁极及铁轭固定良好，励磁绕组紧贴磁板，不应有松动。 (3) 连接用紧固件的防松零件齐全完整
3	接线端子连接良好	检查电机完成	(1) 电机引出线应相位正确，固定牢固，连接紧密。 (2) 严格按照电源电压和电机标注接线方式接线。 (3) 接地线应在接地专用的接线柱（端子）上，接地线截面必须符合规范要求，并压牢
4	绝缘摇测	检查电机完成	(1) 电动机、电加热器及电动执行机构绝缘电阻值应大于 0.5MΩ。 (2) 100kW 以上的电动机，应测量各相直流电阻值，相互差不应大于最小值的 2%；无中性点引出的电动机，测量线间直流电阻值，相互差不应大于最小值的 1%
5	根据铭牌要求接线	检查电机	(1) 接线应正确、牢固。导线、开关、保护控制设备与电动机、电加热器或电动执行机构额定功率配套，并符合设计要求，确保设备安全运行。 (2) 在设备接线盒内裸露的不同相导线间和导线对地间最小距离应大于 8mm

4.3 低压电气动力设备检测、试验和空载试运行作业要点

卡片编码：电气动力 403，上道工序：电机检查接线。

序号	作业	前置任务	作业控制要点
1	低压电气交接试验	接线完成	(1) 设备的可接近裸露导体接地或接零连接完成，经检查合格，才能进行电气测试、试验。 (2) 规定先试验，合格后通电，是重要的、合理的工作顺序。电气设备的动作方向是否正确是关键，尤其是不可逆向动作的设备，方向错了会造成损失。 (3) 经过了各继电保护装置的整组试验和自动控制线路及计量回路的通电试验，均认为保护动作可靠和接线无误后，方可进行系统试运行。 (4) 采取的检查和试验方法要合理、正确。交接试验的项目规程有规定，但是完成某些试验项目所进行的试验，可以采用各种方法和不同的仪器。因此，要求试验人员所采取的检查和试验方法要合理、正确。如绝缘检查试验所采取的某一种试验方法（摇表检查）是有条件的，而不能全面如实地反映绝缘状态，因此，有时需要进行多种试验后，加以综合分析，才能得出正确的结论。 (5) 合理选择测量仪器，并正确使用

续表

序号	作业	前置任务	作业控制要点
2	检查记录配电箱的试运行情况	低压电气交接试验合格	(1) 成套配电（控制）柜、台、箱、盘的运行电压、电流应正常，各种仪表指示正常。 (2) 试运行时要检测有关仪表的指示，并做记录，对照电气设备的铭牌标示值有否超标，以判定试运行是否正常，要根据被测对象的种类，对测量值的大小和精度要求等来决定所选择的仪表的种类、量程、准确度及其他各项指标
3	电动机空载试运行	低压电气交接试验合格，线路试验合格	(1) 电动机应试通电，检查转向和机械转动有无异常情况；可空载试运行的电动机，时间一般为 2h 记录空载电流，且检查机身和轴承的温升。 (2) 电动机的空载电流一般为额定电流的 30%（指异步电动机）以下，机身的温升经 2h 空载试运行不会太高，重点是考核机械装配质量，尤其要注意噪声是否太大或有异常撞击声响，此外要检查轴承的温度是否正常，如滚动轴承润滑油脂填充量过多，会导致轴承温度过高，且试运行中温度上升急剧。 (3) 符合产品技术条件的要求；无要求时，连续起动 2 次的时间间隔不应小于 5min，再次起动应在电机冷却至常温时进行。 (4) 空载状态运行，应记录电流、电压、温度、运行时间等有关数据，且应符合建筑设备或工艺装置的空载状态运行要求

续表

序号	作业	前置任务	作业控制要点
4	大容量导线与母线联接处记录温升	低压电气交接试验合格	大容量（630A 及以上）导线或母线连接处，在设计计算机负荷运行情况下应做温度抽测记录，温升值稳定且不大于设计值（可使用红外线测温度仪进行测量）
5	检查电动执行机构的工作方向和指示	低压电气交接试验合格	(1) 电动执行机构的动作方向及指示，应与工艺装置的设计要求保持一致。 (2) 电动执行机构的动作方向，在手动或点动时已经确认与工艺装置要求一致，但在联动试运行时，仍需仔细检查，否则工艺的工况会出现不正常，有的会导致诱发安全事故

4.4 桥架安装和桥架内电缆敷设桥架安装作业要点

卡片编码：电气动力 404（1），上道工序：土建交接。

序号	作业	前置任务	作业控制要点
1	桥架选用	桥架进场	(1) 选用的桥架、线槽及其连接件和附件均应符合国家现行技术标准的规定，并应该有合格证件。 (2) 桥架、线槽的规格、支吊架跨距，防腐类型应符合设计要求。 (3) 桥架、线槽在每个支架上应固定牢固，连接板的螺栓应紧固，螺母位于线槽的外侧。 (4) 当直线段金属桥架线槽长度超过 30m 时、玻璃钢制电缆桥架超过 15m 时，应有伸缩缝，其连接应采用伸缩连接板；电缆桥架线槽跨越建筑物伸缩缝、沉降缝时应加设伸缩装置
2	弹线定位	土建结构验收通过障碍物已清理	(1) 根据图纸先确定桥架的安装位置，从始端至终端、先干线后支线找水平或垂直线，用粉线袋沿墙壁、顶板、地面等弹出线路的中心线，并按图纸及施工规范的规定，标出桥架的具体位置。 (2) 预留孔洞：根据设计图标注的轴线部位，将预制加工好的木质或铁制框架，固定在标出的位置上，并进行调直找正，待现浇混凝土凝固模板撤除后，撤下框架，并抹平孔洞口（收好孔洞口）
3	预埋吊杆吊架或金属膨胀螺栓安装	弹线定位完毕	(1) 预埋吊杆、吊架：采用直径不小于 8mm 的圆钢，经过切割、调直、揻弯及焊接等步骤制作成吊杆、吊架。其端部应攻丝以便于调整。在配合土建结构中，应随着钢筋配筋的同时，将吊杆或吊架锚固在所标出的固定位置。在混凝土浇筑时，要留有专人看护，以防吊杆或吊架移位。拆模板时不得碰坏吊杆端部的丝扣。

续表

序号	作业	前置任务	作业控制要点
3	预埋吊杆吊架或金属膨胀螺栓安装	弹线定位完毕	(2) 预埋铁的自制加工尺寸不应小于 120mm×60mm×6mm；其锚固圆钢的直径不应小于8mm。紧密配合土建结构的施工，将预埋铁的平面放在钢筋网片下面，紧贴模板，可以采用绑扎或焊接的方法将锚固圆钢固定在钢筋网上。模板拆除后，预埋铁的平面应明露、或吃进深度一般在 10～20mm，将扁钢或角钢制成的支架、吊架焊在上面固定。 (3) 根据支架或吊架承重的负荷，选择相应的金属膨胀螺栓及钻头，所选钻头的长度应大于套管长度
4	螺栓固定吊架与支架	螺栓固定完成	(1) 支架与吊架所用钢材应平直，无显著扭曲。下料后长短偏差应在 5mm 范围内，切口处应无卷边、毛刺。 (2) 钢支架与吊架应焊接牢固，无显著变形、焊缝均匀平整，焊缝长度应符合要求，不得出现裂缝、咬边、气孔、凹陷、漏焊、焊漏等缺陷。 (3) 支架与吊架应安装牢固，保证横平竖直，在有坡度的建筑物上安装支架与吊架时，应与建筑物有相同的坡度。 (4) 支架与吊架的规格一般不应小于：扁铁 30mm×3mm；角钢 25mm×25mm×3mm。 (5) 严禁用电焊、气割切割钢结构或轻钢龙骨任何部位，焊接后均应做防腐处理。 (6) 万能吊具应采用定型产品，对线槽进行吊装，并应有各自独立的吊装卡具或支撑系统。

续表

序号	作业	前置任务	作业控制要点
4	螺栓固定吊架与支架	螺栓固定完成	(7) 固定支点间距一般不应大于 1.5～2m。在进出接线盒、箱、柜、转角、转弯和变形缝两端及丁字接头的三端 500mm 以内应设置固定支持点
5	桥架安装	支吊架固定完毕	(1) 桥架线槽应平整，无扭曲变形，齐全，内壁无毛刺。 (2) 直线段钢制电缆架长度超过 30m、铝合金或玻璃钢制电缆桥架长度超过 1.5m 设有伸缩节；电缆桥架跨越建筑物变形缝处设置补偿装置。 (3) 电缆桥架转弯处的弯曲半径，不小于桥架内电缆最小允许弯曲半径
6	保护地线安装	桥架敷设完毕	金属电缆桥架和引入或引出的金属电缆导管必须接地（PE）或接零（PEN）可靠，且必须符合下列规定： (1) 金属电缆桥架及其支架全长应不少于 2 处与接地（PE）或接零（PEN）干线相连接。 (2) 非镀锌电缆桥架间连接板的两端跨接铜芯地线，接地线最小允许截面积不小于 $4mm^2$。 (3) 镀锌电缆桥架间连接板的两端不跨接接地线，但连接板两端不少于 2 个有防松螺母或防松垫圈的连接固定螺栓

4.5 桥架内电缆敷设作业要点

卡片编码：电气动力 404（2），上道工序：桥架安装。

序号	作业	前置任务	作业控制要点
1	电缆选用	电缆进场桥架敷设完毕	（1）按批查验合格证，合格证有生产许可证编号。 （2）外观检查：包装完好，抽检的电线绝缘层完整无损，厚度均匀。电缆无压扁、扭曲，铠装不松卷。耐热、阻燃的电线、电缆外护层有明显标识和制造厂标。 （3）按制造标准，现场抽样检测绝缘层厚度和圆形线芯的直径；线芯直径误差不大于公称直径的1%。 （4）对电线、电缆绝缘性能、导电性能和阻燃性能有异议时，按批抽样送有资质的试验室检测
2	敷设电缆	桥架，设备安装完成	（1）电缆牵引可用人力或机械牵引，见直埋电缆牵引方式。 （2）水平敷设： 1）电缆沿桥架或托盘敷设时，应将电缆单层敷设，排列整齐。不得有交叉，拐弯处应以最大截面电缆允许弯曲半径为准。2）不同等级电压的电缆应分层敷设，高压电缆应敷设在最上层。3）同等级电压的电缆沿桥架敷设时，电缆水平净距不得小于35mm。4）电缆敷设排列整齐，水平敷设的电缆，首尾两端、转弯两侧及每隔5～10m处设固定点。

续表

序号	作业	前置任务	作业控制要点
2	敷设电缆	桥架，设备安装完成	(3) 垂直敷设： 1) 垂直敷设电缆时，有条件的最好自上而下敷设。土建未拆吊车前，用吊车将电缆吊至楼层顶部；敷设前，选好位置，架好电缆盘，电缆的向下弯曲部位用滑轮支撑电缆，在电缆轴附近和部分楼层应设制动和防滑措施；敷设时，同截面电缆应先敷设低层，再敷设高层。 2) 自下而上敷设时，低层小截面电缆可用滑轮、大麻绳人力牵引敷设。高层大截面电缆宜用机械牵引敷设。 (4) 电缆的排列和固定 1) 电缆敷设排列整齐，间距均匀，不应有交叉现象。2) 大于 45°倾斜敷设的电缆每隔 2m 处设固定点。3) 水平敷设的电缆，首尾两端、转弯两侧及每隔 5～10m 处设固定点。4) 对于敷设于垂直桥架内的电缆，每敷设一根应固定 1 根，全塑型电缆的固定点为 1m，其他电缆固定点为 1.5m，控制电缆固定点为 1m。5) 敷设在竖井及穿越不同防火区的桥架，按设计要求位置，做好防火阻隔
3	挂标识牌	电缆敷设完毕	(1) 标志牌规格应一致，并有防腐性能，挂装应牢固。 (2) 标志牌上应注明电缆编号、规格、型号、电压等级及起始位置。 (3) 沿电缆桥架敷设的电缆在其两端、拐弯处、交叉处应挂标志牌，直线段应适当增设标志牌

续表

序号	作业	前置任务	作业控制要点
4	线路检查绝缘摇测	电缆敷设	(1) 对线路进行校线检查。 (2) 测量各电缆导体对地或对金属屏蔽层间和各导体间的绝缘电阻

4.6 电线、电缆导管和线槽敷设管路暗敷设作业要点

卡片编码：电气动力 405 (1)，上道工序：土建交接。

序号	作业	前置任务	作业控制要点
1	管材选用	管材进场	(1) 主材：钢管具备有效的产品合格证，原材合格证，镀锌管外表层完整、无剥落现象。 (2) 辅材：灯头盒、接线盒、开关盒、插座盒、直管接头、螺纹管接头、护口、管卡、圆钢、扁钢、角钢、防锈漆等具有合格证，螺栓、螺母、垫圈为镀锌件，镀锌层完整无缺
2	预制加工	管材进场	(1) $\phi25$ 及以下的管弯采用冷搣法，用手动搣弯器加工；$\phi32$～$\phi40$ 的管弯采用成品件。 (2) 管子切断：钢管用钢锯切断；管口处平齐、无毛刺，管内无铁屑，长度适当

续表

序号	作业	前置任务	作业控制要点
3	弹线定位	模板铺设完毕	(1) 按照设计图测出盒、箱、出线口等准确位置。测量时，应使用自制尺杆，弹线定位。 (2) 根据测定的盒、箱位置，把管路的垂直点水平线弹出，按照要求标出支架、吊架固定点具体尺寸位置
4	盒、箱定位固定	弹线定位完毕	(1) 墙体上稳装盒箱：盒箱要平整牢固，坐标位置准确，盒箱口封堵完好；当盒箱保护层小于 3mm 时，为防止墙体空裂，需加金属网全面然后再抹灰。 (2) 顶板上稳装灯头盒：灯头盒坐标位置准确，盒子要封堵完好，建议使用活底灯头盒
5	导管暗敷设	箱盒固定完毕下层钢筋敷设完毕	(1) 暗配管路宜沿最近路线敷设，并尽量减少弯曲；埋入墙体或顶板内的钢管，离表面的净距不小于 15mm，消防管路不小于 30mm。 (2) 敷设于多尘、潮湿场所的管路，管口处均应做密封处理，穿入消防管路应做密封处理。 (3) 落地式配电箱（柜）内的管路（指下方），排列整齐，管口应高出基础面 50～80mm。 (4) 管路的弯曲半径至少在 $6D$ 以上，弯扁度在 $0.1D$ 以下
6	地线连接	管路敷设完毕	(1) 管路应做整体接地连接，穿过建筑物变形缝时，应有接地补偿装置。如采用跨接方法连接，跨接地线两端焊接面不得小于该跨接截面的 6 倍。焊缝均匀牢固，焊接处要清除焊渣，刷防腐漆。

续表

序号	作业	前置任务	作业控制要点
6	地线连接	管路敷设完毕	（2）卡接：镀锌钢管或可挠金属电线保护管，应有专用接线卡连接，不得采用熔焊连接角线

4.7 管路明敷设作业要点

卡片编码：电气动力 405（2），上道工序：土建交接。

序号	作业	前置任务	作业控制要点
1	管材选用	管材进场	镀锌钢管（或电线管）壁厚均匀，焊缝均匀，无劈裂、砂眼、棱刺凹扁现象。除镀锌管外，其他管材需预先除锈，刷防腐漆（埋入现浇混凝土时，可不刷防腐漆，但应除锈），镀锌管或刷过防腐漆的钢管外表层完整，无剥落现象，应具有产品材质单和合格证
2	预制加工	管材进场	（1）ϕ25 及以下的管弯采用冷摵法，用手动摵弯器加工；ϕ32～ϕ40 的管弯采用成品件。 （2）管子切断：钢管用钢锯切断；管口处平齐、无毛刺，管内无铁屑，长度适当

续表

序号	作业	前置任务	作业控制要点
3	弹线定位	土建结构验收障碍物已清理	（1）按照设计图测出盒、箱、出线口等准确位置。成排成列的箱盒位置，应挂通线或十字线安装找正。 （2）根据测定的盒、箱位置，把管路的垂直点水平线弹出，按照要求标出支架、吊架固定点具体尺寸位置
4	支吊架固定	支吊架制作及弹线定位完毕	（1）支架、吊架要按图纸设计进行加工。 （2）无论采用何种固定方法，均应先固定两端支架、吊架，然后拉直线固定中间的支架、吊架。 （3）箱盒固定：采用定型箱盒，需在箱盒下侧100～150mm处加稳固支架，将管固定在支架上，箱盒安装应牢固平整，开孔整齐，并与管径相吻合。要求一管一孔，不得开长孔。铁制箱盒严禁气割开孔
5	导管明敷设	支吊架固定完毕	（1）根据设计图纸加工支架、吊架，固定卡采用成品件，接线盒使用成品明装盒。 （2）敷设于多尘、潮湿场所的管路，管口处均应做密封处理，穿入防管路应做密封处理。 （3）消防管路刷防火涂料
6	地线连接	管路敷设完毕	（1）管路应做整体接地连接，穿过建筑物变形缝时，应有接地补偿装置。如采用跨接方法连接，跨接地线两端焊接面不得小于该跨接截面的6倍。焊缝均匀牢固，焊接处要清除焊渣，刷防腐漆。

续表

序号	作业	前置任务	作业控制要点
6	地线连接	管路敷设完毕	(2) 卡接：镀锌钢管或可挠金属电线保护管，应有专用接线卡连接，不得采用熔焊连接角线

4.8 线槽敷设作业要点

卡片编码：电气动力 405 (3)，上道工序：土建交接。

序号	作业	前置任务	作业控制要点
1	线槽选用	线槽进场	(1) 主材：具备有效的产品合格证或检验报告，线槽内外无棱刺、无扭曲、翘边等变形现象；保护层完整、无剥落及锈蚀现象。 (2) 辅材：连接板、内衬片、金属膨胀螺栓、半圆头螺栓、螺母、垫圈为镀锌件，镀锌层完整无缺
2	预制加工	线槽验收	线槽内外应光滑平整，无棱刺，不应有扭曲，翘边等变形现象
3	弹线定位	土建结构验收通过	根据图纸先确定配电箱（柜）等电气器具的安装位置，从始端至终端、先干线后支线找水平或垂直线，用粉线袋沿墙壁、顶板、地面等弹出线路的中心线，并按图纸及施工规范的规定，分匀支架、吊架的挡距，标出支架、吊架的具体位置

续表

序号	作业	前置任务	作业控制要点
4	支吊架固定	障碍清理弹线定位完毕	(1) 根据支架、吊架所承荷载，确定支架、吊架的规格，在线槽订货时向厂家作技术交底，由厂家一并与线槽统一加工。 (2) 膨胀螺栓安装好后，用螺母配上相应的垫圈将支架、吊架直接固定在金属膨胀螺栓上。 (3) 支架、吊架安装后，拉线进行调平、调正
5	线槽敷设	预留孔洞清理及支吊架固定完毕	(1) 线槽应平整，无扭曲变形，内壁无毛刺，各种附件齐全。 (2) 线槽的接口应平整，接缝处应紧密平直。槽盖装上后应平整，无翘角，出线口的位置准确。 (3) 在吊顶内敷设时，如果吊顶无法上人时应留有检修孔。 (4) 不允许将穿过墙壁的线槽与墙上的孔洞一起抹死。 (5) 线槽的所有非导电部分的铁件均应相互连接和跨接，使之成为一连续导体，并做好整体接地。 (6) 当线槽的底板对地距离低于 2.4m 时，线槽本身和线槽盖板均必须加装保护地线
6	地线连接	线槽敷设完毕	(1) 金属线槽应做整体接地连接，地脚螺栓直径不小于 M6。 (2) 弱电金属线槽等电位敷设方法可沿线槽外（内）侧敷设一道镀锌扁钢，扁钢与接地干线相连，每 25～30m 与线槽连接一次；线槽首末端需接地；弱电竖井应做等电位。 (3) 过变形缝处的线槽，把变形缝两侧的线槽进行地线跨接

4.9 电线、电缆穿管和线槽敷线电线、电缆穿管作业要点

卡片编码：电气动力406（1），上道工序：线管、线槽敷设。

序号	作业	前置任务	作业控制要点
1	穿带线	管路敷设完毕，现场清理干净	（1）带线一般均采用1.2～2.0mm的铁丝。先将铁丝的一端弯成不封口的圆圈，再利用穿线器将带线穿入管路内，在管路的两端均应留有10～15cm的余量。 （2）在管路较长或转弯较多时，可以在敷设管路的同时将带线一并穿好。 （3）穿带线受阻时，应用两根铁丝同时搅动，使两根铁丝的端头互相钩绞在一起，然后将带线拉出。 （4）阻燃型塑料波纹管壁呈波纹状，带线的端头要变成圆形
2	扫管	穿带线完毕，土建湿作业完成	（1）清扫管路的目的是清除管路中的灰尘、泥水等杂物。 （2）清扫管路的方法：将布条的两端牢固地绑扎在带线上，两人来回拉动带线，将管内杂物清除干净

续表

序号	作业	前置任务	作业控制要点
3	放线及断线	扫管完毕	(1) 放线前应根据施工图对导线的规格、型号进行核对。 (2) 放线时导线置于放线架或放线车上。 (3) 断线：剪断导线时，导线的预留长度应按以下4种情况考虑。 1) 接线盒、开关盒、插销盒及灯头盒内导线的预留长度应为15cm。2) 配电箱内导线的预留长度应为配电箱体周长的1/2。3) 出户导线的预留长度应为1.5m。4) 共用导线在分支处，可不剪断导线而直接穿过
4	穿线	放线完毕	(1) 钢管（电线管）在穿线前，应首先检查各个管口的护口是否齐整，如有遗漏或破损，均应补齐和更换。 (2) 当管路较长或转弯较多时，要在穿线的同时往管内吹入适量的滑石粉。 (3) 交流回路的导线必须穿于同一管内。 (4) 不同回路、不同电压和交流与直流的导线，不得穿入同一管内。 (5) 线在变形缝处，补偿装置应活动自如。导线应留有一定的余度。 (6) 敷设于垂直管路中的导线，当超过下列长度时应在管口处和接线盒中加以固定：1) 截面积为50mm^{2}及以下的导线为30m；2) 截面积为70～95mm^{2}的导线为20m；3) 截面积在180～240mm^{2}之间的导线为18m。

续表

序号	作业	前置任务	作业控制要点
4	穿线	放线完毕	(7) 穿入管内的绝缘导线，不准接头和局部绝缘破损及死弯。导线外径总截面不应超过管内面积的 40%
5	绝缘摇测	穿线完毕，在装器具前	(1) 线路的绝缘摇测一般选用 500V、量程为 0~500MΩ 的兆欧表。测量线路绝缘电阻时：兆欧表上有三个分别标有“接地”（E）；“线路”（L）；“保护环”（G）的端钮。可将被测两端分别接于 E 和 L 两个端钮上。 (2) 电气器具未安装前进行线路绝缘摇测时，首先将灯头盒内导线分开，开关盒内导线连通。摇测应将干线和支线分开，1 人摇测，1 人应及时读数并记录。摇动速度应保持在 120r/min 左右，读数应采用 1min 后的数值为宜。 (3) 电气器具全部安装完在送电前进行摇测，应先将线路上的开关、刀闸、仪表、仪表、设备等用电开关全部置于断开位置，摇测方法同上所述，确认绝缘摇测无误后，再进行送电试运行

4.10 线槽敷线作业要点

卡片编码：电气动力 406（2），上道工序：土建交接。

序号	作业	前置任务	作业控制要点
1	放线及断线	线槽敷设，粗装修完成	（1）放线前应根据施工图对导线的规格、型号进行核对。 （2）放线时导线置于放线架或放线车上。 （3）断线：剪断导线时，导线的预留长度应按以下 4 种情况考虑。 1）接线盒、开关盒、插销盒及灯头盒内导线的预留长度应为 15cm。2）配电箱内导线的预留长度应为配电箱体周长的 1/2。3）出户导线的预留长度应为 1.5m。4）共用导线在分支处，可不剪断导线而直接穿过
2	线槽敷线	放线断线完毕	（1）电线在线槽内有一定余量，不得有接头。电线按回路编号分段绑扎，绑扎点间距不应大于 2m。 （2）同一回路的相线和零线，敷设于同一金属线槽内。 （3）同一电源的不同回路无抗干扰要求的线路可敷设在同一线槽内；敷设于同一线槽内有抗干扰要求的线路用隔板隔离，或采用屏蔽电线且屏蔽护套一端接地

续表

序号	作业	前置任务	作业控制要点
3	线路绑扎	敷线完毕	（1）当导线根数较少时，例如2～3根导线，可将导线前端的绝缘层削去，然后将线芯直接插入带线的盘圈内并折回压实，绑扎牢固。使绑扎处形成一个平滑的锥形过渡部位。 （2）当导线根数较多或导线截面积较大时，可将导线前端的绝缘层削去，然后将线芯斜错排列在带线上，用绑线缠绕绑扎牢固。令绑扎接头处形成一个平滑的锥形过渡部位，便于穿线
4	绝缘摇测	穿线完毕，在接线前	（1）绝缘摇测分两次进行：电缆敷设前；电缆敷设完毕，送电前。 （2）1kV以下电缆，用1kV兆欧表摇测相线间、相对零、零对地、相对地间的绝缘电阻，要求绝缘电阻值不低于0.5MΩ

4.11　电缆头制作、导线连接和线路电气试验作业要点

卡片编码：电气动力407，上道工序：电缆敷设。

序号	作业	前置任务	作业控制要点
1	锯断、剥切电缆、导线	电缆敷设完成，配电柜安装完成	（1）应按设计和实际路径计算每根电缆的长度，合理安排每盘电缆，减少电缆接头。 （2）切断电缆时不应有金属屑及污物进入电缆。 （3）剥切电缆时不应损伤线芯和保留的绝缘层。

续表

序号	作业	前置任务	作业控制要点
1	锯断、剥切电缆、导线	电缆敷设完成，配电柜安装完成	(4) 制作电缆终端与接头，从剥切电缆开始应连续操作直至完成，缩短绝缘暴露时间。剥切电缆时不应损伤线芯和保留的绝缘层。附加绝缘的包绕、装配、热缩等应清洁。 (5) 电缆终端和接头应采取加强绝缘、密封防潮、机械保护等措施。6kV 及以上电力电缆的终端和接头，尚应有改善电缆屏蔽断部电场集中的有效措施，并应确保外绝缘相间和对地绝缘。 (6) 在制作塑料绝缘电缆终端头和接头时，应彻底清除半导电屏蔽层。对包带石墨屏蔽层，应使用溶剂擦去碳迹；对挤出屏蔽层，剥除时不得损伤绝缘表面，屏蔽端部应平整
2	电缆焊接压线端子，导线压接接线帽	电缆剥切完毕	(1) 接线端子（接线鼻）：应根据导线的根数和总截面选择相应规格的接线端子 (2) 焊锡：由锡、铅和锑等元素组合的低熔点（185～260℃）合金。焊锡制成条状或丝状。 (3) 焊剂：能清除污物和抵制工件表面氧化物，一般焊接应采用松香液，将天然松香溶液在酒精中制成乳状液体，适用于铜及铜合金焊件。 (4) C形压线帽：且有阻燃性能氧指数为 27% 以上，适用于铝导线 $2.5mm^2$、$4mm^2$ 两种，适用铜导线 $1～4mm^2$ 接头压接，分为黄、白、红、绿、蓝 5 种颜色，可根据导线截面和根数选择使用（铝导线用绿、蓝；铜线用黄、白、红）

续表

<table>
<tr><th>序号</th><th>作业</th><th>前置任务</th><th>作业控制要点</th></tr>
<tr><td>3</td><td>包缠绝缘胶带</td><td>电缆焊接压线端子，涮锡完毕</td><td>采用橡胶（或黏塑料）绝缘带，从导线接头处始端的完好绝缘层开始，缠绕 1～2 个绝缘带幅宽度，再以半幅宽度重叠进行缠绕。在包扎过程中应尽可能地收紧绝缘带。最后在绝缘层上缠绕 1～2 圈后，再进行回缠。采用橡胶绝缘带包扎时，应将其拉长 2 倍后再进行缠绕。然后再用黑胶布包扎，包扎时要衔接好，以半幅宽度边压边进行缠绕，同时在包扎过程中收紧胶布，导线接头处两端应用黑胶布封严密。包扎后应呈枣核形</td></tr>
<tr><td>4</td><td>电缆头外壳与电缆护套及铠装层接地</td><td>电缆敷设完成</td><td>（1）三芯电力电缆接头两侧电缆的金属屏蔽层（或金属套）、铠装层应分别连接良好，不得中断，跨接线的截面不应小于下表接地线截面的规定。直埋电缆接头的金属外壳及电缆的金属护层应做防腐处理。

电缆芯线和接地线截面积（mm^2）
<table><tr><th>电缆芯线截面</th><th>接地线截面</th></tr><tr><td>120 及以下</td><td>16</td></tr><tr><td>150 及以下</td><td>25</td></tr></table>
（2）三芯电力电缆终端处的金属护层必须接地良好；塑料电缆每相铜屏蔽和钢铠应用焊锡焊接接地线。电缆通过零序电流互感器时，电缆金属护层和接地线应对地绝缘，电缆接地点在互感器以下时，接地线应直接接地；接地点在互感器以上时，接地线应穿过互感器接地</td></tr>
</table>

<table>
<tr><th>序号</th><th>作业</th><th>前置任务</th><th>作业控制要点</th></tr>
<tr><td>5</td><td>校相及绝缘摇测</td><td>电缆头外壳与电缆护套及铠装层接地</td><td>(1) 低压电线和电缆，线间和线对地间的绝缘电阻值必须大于 0.5MΩ。
(2) 电线、电缆交接试验合格，且对接线去向和相位等检查确认，才能通电。
(3) 电力电缆绝缘电阻值可参照下表中的绝缘电阻值，该表值是将各类电力电缆换算到20℃时的每公里的最低绝缘电阻值。
电力电缆绝缘电阻值
<table>
<tr><td colspan="2">电缆额定电压（kV）</td><td>1</td><td>6</td><td>10</td><td>35</td></tr>
<tr><td rowspan="3">绝缘电阻（MΩ）</td><td>聚氯乙烯电缆</td><td>40</td><td>60</td><td>—</td><td>—</td></tr>
<tr><td>聚乙烯电缆</td><td>—</td><td>1000</td><td>1200</td><td>3000</td></tr>
<tr><td>交联聚乙烯电缆</td><td>—</td><td>1000</td><td>1200</td><td>3000</td></tr>
</table>
</td></tr>
</table>

4.12 插座、开关、风扇安装作业要点

卡片编码：电气动力 408，上道工序：线缆敷设。

序号	作业	前置任务	作业控制要点
1	配合土建预留盒、预埋吊钩	结构绑扎钢筋未合模板前	(1) 根据安装施工图，检查预留预埋位置。 (2) 根据土建提供的建筑轴线位置，标高的水平线，预留盒、预埋吊钩
2	材料检查	材料进场	(1) 查验合格证，防爆产品有防爆合格证号，实行安全认证制度繁荣产品有安全认证标志。 (2) 外观检查：开关、插座的面板及接线盒盒体完整、无碎裂、零件齐全，风扇无损坏，涂层完整，调速器等附件适配
3	接线	材料检查，装修完成	(1) 单相两孔插座，面对插座的右孔或上孔与相线连接，左孔或下孔与零线连接；单相三孔插座，面对插座的右孔与相线接连，左孔与零线连接。 (2) 单相三孔、三相四孔及三相五孔插座接地(PE) 或接零 (PEN) 线接在上孔。插座的接地端子不与零线端子连接。同一场所的三相插座，接线的相序一致。 (3) (PE) 或接零 (PEN) 线在插座间不串联连接
4	面板风扇安装	接线完成	(1) 暗装的开关面板应紧贴墙面，四周无缝隙，安装牢固，表面光滑整洁、无碎裂、划伤，装饰帽齐全。

续表

序号	作业	前置任务	作业控制要点
4	面板风扇安装	接线完成	(2) 吊扇安装应符合下列规定： 1）涂层完整，表面无划痕、无污染，吊杆上下扣碗安装牢固到位；2）同一室内并列安装的吊扇开关高度一致，且控制有序，不错位。 (3) 壁扇安装应符合下列规定： 1）壁扇下侧边缘距地面高度不小于 1.8m；2）涂层完整，表面无划痕、无污染，防护罩无变形

5 电气照明

5.1 成套配电柜、控制柜（屏、台）和动力、照明配电箱（盘）安装作业要点

卡片编码：电气照明 501，上道工序：土建交接。

序号	作业	前置任务	作业控制要点
1	基础施工	设备进场画线定位	(1) 基础型钢安装宜由安装施工单位承担。如由土建单位承担，设备安装前应做好中间交接。 (2) 型钢预先调直，除锈，刷防锈底漆。 (3) 基础型钢架可预制或现场组装。按施工图纸所标位置，将预制好的基础型钢架或型钢焊牢在基础预埋铁上。用水准仪及水平尺找平，校正。需用垫片的地方，须按钢结构施工规范要求。垫片最多不超过 3 片，焊后清理，打磨，补刷防锈漆。 (4) 基础型钢与接地母线连接，将接地扁钢引入并与基础型钢两端焊牢。焊缝长度为接地扁钢宽度的 2 倍
2	配电柜的搬运和检查	基础施工	(1) 成套配电柜、屏、台、箱、盘在运输过程中，因受振动使螺栓松动或导线连接脱落是经常发生的，所以进场验收时要注意检查，以利采取措施，使其正确复位。

续表

序号	作业	前置任务	作业控制要点
2	配电柜的搬运和检查	基础施工	(2) 查验合格证和随带技术文件，实行生产许可证和安全认证制度的产品，有许可证编号和安全认证标志。不间断电源柜有出场试验记录； (3) 外观检查：有铭牌，柜内元器件无损坏丢失、接线无脱落焊，涂层完整，无明显碰撞凹陷
3	配电柜的安装与接地	配电柜的搬运和检查	(1) 柜（屏台）安装应按施工图纸布置，事先编设备号、位号，按顺序将柜（屏、台）安放到基础型钢上。 (2) 柜、屏、台、箱、盘安装垂直度允许偏差为1.5″，相互间接缝不应大于2mm，成列盘面偏差不应大于5mm。 (3) 柜、屏、台、箱、盘的金属框架及基础型钢必须接地（PE）或接零（PEN）可靠；装有电器的可开门，门和框架的接地端子间应用裸编织铜线连接，且有标识。 (4) 低压成套配电柜、控制柜（屏、台）和动力、照明配电箱（盘）应有可靠的电击保护
4	配电柜的接地与整体试验	配电柜的安装与接地	(1) 接地（PE）或接零（PEN）连接完成后，核对柜、屏、台、箱、盘内的元件规定、型号，且交接试验合格，才能投入试运行。 (2) 柜（屏、台）箱（盘）安装，试验调整必须符合施工规范规定，施工安装质量检验应结合外观实测检查安装记录和试验调整记录

续表

序号	作业	前置任务	作业控制要点
5	动照配电箱安装绝缘摇测	孔洞预留好或预埋件已完成	(1) 弹线定位：根据设计要求找出配电箱（盘）位置，并按照箱（盘）外形尺寸进行弹线定位。配电箱安装底口距地一般为1.5m，明装电度表板底口距地不小于1.8m。在同一建筑物内，同类箱盘高度应一致，允许偏差10mm。 (2) 安装配电箱（盘）的木砖及铁件等均应预埋，挂式配电箱（盘）应采用膨胀螺栓固定。 (3) 铁制配电箱（盘）均需先刷一道防锈漆，再刷灰油漆两道。 (4) 配电箱（盘）带有器具的铁制盘面和装有器具的门均应有明显可靠的裸软铜线PE线接地。 (5) 配电箱（盘）安装应牢固、平正，其允许偏差不应大于3mm，配电箱体高50cm以下，允许偏差1.5mm。 (6) 配电箱（盘）上电器，仪表应牢固、平正、整洁、间距均匀。铜端子无松动，启闭灵活，零部件齐全。配电箱内母线相序排列一致，母线色标正确，均匀完整，二次结线排列整齐，回路编号清晰齐全。 (7) 照明箱（盘）内，分别设置零线（N）和保护地线（PE线）汇流排，零线和保护地线经汇流排配出。 (8) 绝缘摇测：配电箱（盘）全部电器安装完毕后，用500V兆欧表对线路进行绝缘摇测。摇测项目包括相线与相线之间，相线与零线之间，相线与地线之间，零线与地线之间，两人进行摇测，同时作为好记录，作为技术资料存档

5.2 电线、电缆导管和线槽敷设管路暗敷设作业要点

卡片编码：电气 502（1），上道工序：土建交接。

序号	作业	前置任务	作业控制要点
1	管材选用	管材进场	（1）主材：钢管具备有效的产品合格证，原材合格证，镀锌管外表层完整、无剥落现象。 （2）辅材：灯头盒、接线盒、开关盒、插座盒、直管接头、螺纹管接头、护口、管卡、圆钢、扁钢、角钢、防锈漆等具有合格证，螺栓、螺母、垫圈为镀锌件，镀锌层完整无缺
2	预制加工	管材进场	（1）$\phi 25$ 及以下的管弯采用冷揻法，用手动揻弯器加工；$\phi 32 \sim \phi 40$ 的管弯采用成品件。 （2）管子切断：钢管用钢锯切断；管口处平齐、无毛刺，管内无铁屑，长度适当
3	弹线定位	模板铺设完毕	（1）按照设计图测出盒、箱、出线口等准确位置。测量时，应使用自制尺杆，弹线定位。 （2）根据测定的盒、箱位置，把管路的垂直点水平线弹出，按照要求标出支架、吊架固定点具体尺寸位置
4	盒、箱定位固定	弹线定位完毕	（1）墙体上稳装盒箱：盒箱要平整牢固，坐标位置准确，盒箱口封堵完好；当盒箱保护层小于 3mm 时，为防止墙体空裂，需加金属网全面然后再抹灰。

续表

序号	作业	前置任务	作业控制要点
4	盒、箱定位固定	弹线定位完毕	(2) 顶板上稳装灯头盒：灯头盒坐标位置准确，盒子要封堵完好，建议使用活底灯头盒
5	导管暗敷设	箱盒固定下层钢筋敷设完毕	(1) 暗配管路宜沿最近路线敷设，并尽量减少弯曲；埋入墙体或顶板内的钢管，离表面的净距不小于 15mm，消防管路不小于 30mm。 (2) 敷设于多尘、潮湿场所的管路，管口处均应做密封处理，穿入防管路应做密封处理。 (3) 落地式配电箱（柜）内的管路（指下方），排列整齐，管口应高出基础面 50～80mm
6	地线连接	管路敷设完毕	(1) 管路应做整体接地连接，穿过建筑物变形缝时，应有接地补偿装置。如采用跨接方法连接，跨接地线两端焊接面不得小于该跨接截面的 6 倍。焊缝均匀牢固，焊接处要清除焊渣，刷防腐漆。 (2) 卡接：镀锌钢管或可挠金属电线保护管，应有专用接线卡连接，不得采用熔焊连接角线

5.3 管路明敷设作业要点

卡片编码：电气照明 502（2），上道工序：土建交接。

序号	作业	前置任务	作业控制要点
1	管材选用	管材进场	镀锌钢管（或电线管）壁厚均匀，焊缝均匀，无劈裂、砂眼、棱刺凹扁现象。除镀锌管外其他管材需预先除锈，刷防腐漆（埋入现浇混凝土时，可不刷防腐漆，但应除锈）。镀锌管或刷过防腐漆的钢管外表层完整，无剥落现象，应具有产品材质单和合格证
2	预制加工	管材进场	（1）$\phi25$ 及以下的管弯采用冷揻法，用手动揻弯器加工；$\phi32$～$\phi40$ 的管弯采用成品件。 （2）管子切断：钢管用钢锯切断；管口处平齐、无毛刺，管内无铁屑，长度适当
3	弹线定位	土建结构验收障碍物已清理	（1）按照设计图测出盒、箱、出线口等准确位置。成排成列的箱盒位置，应挂通线或十字线安装找正。 （2）根据测定的盒、箱位置，把管路的垂直点水平线弹出，按照要求标出支架、吊架固定点具体尺寸位置
4	支吊架固定	支吊架制作及弹线定位完毕	（1）支架、吊架要按图纸设计进行加工。 （2）无论采用何种固定方法，均应先固定两端支架、吊架，然后拉直线固定中间的支架、吊架。 （3）箱盒固定：采用定型箱盒，需在箱盒下侧100～150mm处加稳固支架，将管固定在支架上，箱盒安装应牢固平整，开孔整齐，并与管径相吻合。要求一管一孔，不得开长孔。铁制箱盒，严禁气割开孔

续表

序号	作业	前置任务	作业控制要点
5	导管明敷设	支吊架固定完毕	(1) 根据设计图纸加工支架、吊架，固定卡采用成品件，接线盒使用成品明装盒。 (2) 敷设于多尘、潮湿场所的管路，管口处均应做密封处理，穿入防管路应做密封处理。 (3) 消防管路刷防火涂料
6	地线连接	管路敷设完毕	(1) 管路应作整体接地连接，穿过建筑物变形缝时，应有接地补偿装置。如采用跨接方法连接，跨接地线两端焊接面不得小于该跨接截面的 6 倍。焊缝均匀牢固，焊接处要清除焊渣，刷防腐漆。 (2) 卡接：镀锌钢管或可挠金属电线保护管，应有专用接线卡连接，不得采用熔焊连接角线

5.4 线槽敷设作业要点

卡片编码：电气照明 502 (3)，上道工序：土建交接。

序号	作业	前置任务	作业控制要点
1	线槽选用	线槽进场	(1) 主材：具备有效的产品合格证或检验报告，线槽内外无棱刺、无扭曲、翘边等变形现象；保护层完整、无剥落及锈蚀现象。 (2) 辅材：连接板、内衬片、金属膨胀螺栓、半圆头螺栓、螺母、垫圈为镀锌件，镀锌层完整无缺

续表

序号	作业	前置任务	作业控制要点
2	预制加工	线槽验收	线槽内外应光滑平整，无棱刺，不应有扭曲，翘边等变形现象
3	弹线定位	土建结构验收通过	根据图纸先确定配电箱（柜）等电气器具的安装位置，从始端至终端、先干线后支线找水平或垂直线，用粉线袋沿墙壁、顶板、地面等弹出线路的中心线，并按图纸及施工规范的规定，分匀支架、吊架的挡距，标出支架、吊架的具体位置
4	支吊架固定	障碍清理弹线定位完毕	(1) 根据支架、吊架所承荷载，确定支架、吊架的规格，在线槽订货时向厂家做技术交底，由厂家与线槽统一加工。 (2) 膨胀螺栓预埋好后，用螺母配上相应的垫圈将支架、吊架直接固定在金属膨胀螺栓上。 (3) 支架、吊架安装后，拉线进行调平、调正
5	线槽敷设	预留孔洞清理及支吊架固定完毕	(1) 线槽应平整，无扭曲变形，内壁无毛刺，各种附件齐全。 (2) 线槽的接口应平整，接缝处应紧密、平直。槽盖装上后应平整，无翘角，出线口的位置准确。 (3) 在吊顶内敷设时，如果吊顶无法上人时，应留有检修孔。 (4) 不允许将穿过墙壁的线槽与墙上的孔洞一起抹死。

续表

序号	作业	前置任务	作业控制要点
5	线槽敷设	预留孔洞清理及支吊架固定完毕	(5) 线槽的所有非导电部分的铁件均应相互连接和跨接，使之成为一连续导体，并做好整体接地。 (6) 当线槽的底板对地距离低于2.4m时，线槽本身和线槽盖板均必须加装保护地线
6	地线连接	线槽敷设完毕	(1) 金属线槽应做整体接地连接，地脚螺栓直径不小于M6。 (2) 弱电金属线槽等电位敷设方法可沿线槽外（内）侧敷设一道镀锌扁钢，扁钢与接地干线相连，每25～30m与线槽连接一次；线槽首末端需接地；弱电竖井应做等电位。 (3) 过变形缝处的线槽，把变形缝两侧的线槽进行地线跨接

5.5 电线、电缆穿管和线槽敷线电线、电缆穿管作业要点

卡片编码：电气照明503（1），上道工序：线管、线槽敷设。

序号	作业	前置任务	作业控制要点
1	穿带线	管路敷设完毕，现场清理干净	(1) 带线一般均采用1.2～2.0mm的铁丝。先将铁丝的一端弯成不封口的圆圈，再利用穿线器将带线穿入管路内，在管路的两端均应留有10～15cm的余量。 (2) 在管路较长或转弯较多时，可以在敷设管路的同时将带线一并穿好。 (3) 穿带线受阻时，应用两根铁丝同时搅动，使两根铁丝的端头互相钩绞在一起，然后将带线拉出。 (4) 阻燃型塑料波纹管壁呈波纹状，带线的端头要变成圆形
2	扫管	穿带线完毕，土建湿作业完成	(1) 清扫管路的目的是清除管路中的灰尘、泥水等杂物。 (2) 清扫管路的方法：将布条的两端牢固地绑扎在带线上，两人来回拉动带线，将管内杂物清除干净
3	放线及断线	扫管完毕	(1) 放线前应根据施工图对导线的规格、型号进行核对。 (2) 放线时导线置于放线架或放线车上。 (3) 断线：剪断导线时，导线的预留长度应按以下4种情况考虑。1）接线盒、开关盒、插销盒及灯头盒内导线的预留长度应为15cm。2）配电箱内导线的预留长度应为配电箱体周长的1/2。3）出户导线的预留长度应为1.5m。4）共用导线在分支处，可不剪断导线而直接穿过

续表

序号	作业	前置任务	作业控制要点
4	穿线	放线完毕	(1) 钢管（电线管）在穿线前，应首先检查各个管口的护口是否齐整，如有遗漏或破损，均应补齐和更换。 (2) 当管路较长或转弯较多时，要在穿线的同时往管内吹入适量的滑石粉。 (3) 交流回路的导线必须穿于同一管内。 (4) 不同回路、不同电压和交流与直流的导线，不得穿入同一管内。 (5) 线在变形缝处，补偿装置应活动自如。导线应留有一定的余度。 (6) 敷设于垂直管路中的导线，当超过下列长度时应在管口处和接线盒中加以固定：1）截面积为 $50mm^2$ 及以下的导线为 30m；2）截面积为 70～$95mm^2$ 的导线为 20m；3）截面积在 180～$240mm^2$ 之间的导线为 18m。 (7) 穿入管内的绝缘导线，不准接头和局部绝缘破损及死弯。导线外径总截面积不应超过管内面积的 40%
5	绝缘摇测	穿线完毕，在装器具前	(1) 线路的绝缘摇测一般选用 500V、量程为 0～500MΩ 的兆欧表。测量线路绝缘电阻时：兆欧表上有三个分别标有“接地”（E）；“线路”（L）；“保护环”（G）的端钮。可将被测两端分别接于 E 和 L 两个端钮上。

续表

序号	作业	前置任务	作业控制要点
5	绝缘摇测	穿线完毕，在装器具前	(2) 电气器具未安装前进行线路绝缘摇测时，首先将灯头盒内导线分开，开关盒内导线连通。摇测应将干线和支线分开，1人摇测，1人应及时读数并记录。摇动速度应保持在120r/min左右，读数应采用1min后的数值为宜。 (3) 电气器具全部安装完在送电前进行摇测，应先将线路上的开关、刀闸、仪表、仪表、设备等用电开关全部置于断开位置，摇测方法同上所述，确认绝缘摇测无误后再进行送电试运行

5.6 线槽敷线作业要点

卡片编码：电气503（2），上道工序：线槽敷设。

序号	作业	前置任务	作业控制要点
1	放线及断线	线槽敷设，粗装修基本完成	(1) 放线前应根据施工图对导线的规格、型号进行核对。 (2) 放线时导线置于放线架或放线车上。

续表

序号	作业	前置任务	作业控制要点
1	放线及断线	线槽敷设，粗装修基本完成	(3) 断线：剪断导线时，导线的预留长度应按以下 4 种情况考虑。1) 接线盒、开关盒、插销盒及灯头盒内导线的预留长度应为 15cm。2) 配电箱内导线的预留长度应为配电箱体周长的 1/2。3) 出户导线的预留长度应为 1.5m。4) 共用导线在分支处，可不剪断导线而直接穿过
2	线槽敷线	放线断线完毕	(1) 电线在线槽内有一定余量，不得有接头。电线按回路编号分段绑扎，绑扎点间距不应大于 2m。 (2) 同一回路的相线和零线，敷设于同一金属线槽内。 (3) 同一电源的不同回路无抗干扰要求的线路可敷设于同一线槽内；敷设于同一线槽内有抗干扰要求的线路用隔板隔离，或采用屏蔽电线且屏蔽护套一端接地
3	线路绑扎	敷线完毕	(1) 当导线根数较少时，例如 2～3 根导线，可将导线前端的绝缘层削去，然后将线芯直接插入带线的盘圈内并折回压实，绑扎牢固。使绑扎处形成一个平滑的锥形过渡部位。 (2) 当导线根数较多或导线截面积较大时，可将导线前端的绝缘层削去，然后将线芯斜错排列在带线上，用绑线缠绕绑扎牢固。令绑扎接头处形成一个平滑的锥形过渡部位，便于穿线

续表

序号	作业	前置任务	作业控制要点
4	绝缘摇测	穿线完毕，在接线前	(1) 绝缘摇测分两次进行：电缆敷设前；电缆敷设完毕，送电前。 (2) 1kV 以下电缆，用 1kV 兆欧表摇测相线间、相对零、零对地、相对地间的绝缘电阻，要求绝缘电阻值不低于 0.5MΩ

5.7 槽板配线、钢索配线作业要点

卡片编码：电气照明 504 (1)，上道工序：土建交接。

序号	作业	前置任务	作业控制要点
1	弹线定位	土建湿作业完成	(1) 弹线定位应符合以下规定：线槽配线在穿过楼板及墙壁时，应用保护管，而且穿楼板处必须用钢管保护，其保护高度距地面不应低于 1.8m；过变形缝时应做补偿处理。 (2) 设计图确定进户线、盒、箱等电气器具，固定点的位置从始端至终端（先干线后支线）找好水平或垂直线，用粉线袋在线路中心弹线，分匀挡，用笔画出加挡位置后，再细查位置是否正确，埋入塑料胀管或伞形螺栓。弹线时不应弄脏建筑物表面

续表

序号	作业	前置任务	作业控制要点
2	槽板敷设	弹线定位完成	(1) 线槽应紧贴建筑物表面，固定牢固，横平竖直，布置合理，盖板无翘角，接口严密整齐，拐角、转角、丁字连接、转弯连接正确严实，线槽内外无污染。 (2) 支架与吊架安装：可用金属膨胀螺栓固定或焊接支架与吊架，也可采用万能卡具固定线槽，支架与吊架应布置合理、固定牢靠、平整。 (3) 线槽穿过梁、墙、板等处时，桥架线槽不应被抹死在建筑物上；跨越建筑物变形缝处的桥架线槽底板应断开，保护地线应留有补偿余量；线槽与电气器具连接严密。敷设在竖井内和穿越不同防火区的桥架，按设计要求的位置，有防火隔堵措施。 (4) 允许偏差项目：桥架线槽水平或垂直敷设直线部分的平直程度和垂直度允许偏差不应超过 5mm
3	槽板敷线	槽板敷设	(1) 不同回路、不同电压等级和交流与直流的电线，不应穿于同一导管内；同一交流回路的电线应穿于同一金属导管内，且管内电线不得有接头。 (2) 爆炸危险环境照明线路的电线和电缆额定电压不得低于 750V，且电线必须穿于钢导管内

5.8 钢索配线安装工序作业要点

卡片编码：电气照明 504 (2)，上道工序：土建交接。

序号	作业	前置任务	作业控制要点
1	钢索安装	土建作业完成障碍物已清理	(1) 应采用镀锌钢索，不应采用含油芯的钢索。 (2) 钢索的钢丝直径应小于 0.5mm，钢索不应有扭曲和断股等缺陷。 (3) 钢索的终端拉环预埋件应牢固可靠，钢索与终端拉环套接处应采用心形环，固定钢索的线卡不应少于 2 个，钢索端头应用镀锌铁线绑扎紧密，且应接地或接零可靠
2	确定灯位安装吊卡	弹线定位完成	(1) 吊卡应固定平整，吊卡间距应均匀。 (2) 风管支、吊架的形式、材质、加工尺寸、安装间距、制作精度、焊接等应符合设计要求，不得随意更改，开孔必须采用台钻或手电钻，不得用气割开孔
3	配管或安装瓷珠	固定卡子完成	(1) 在吊装管路时，应按照先干线后支线的顺序进行，把加工好的管子从始端到终端按顺序连接起来，与接线盒连接的丝扣应该拧牢固，进盒的丝扣不得超过 2 扣。吊卡的间距应符合施工及验收规范要求。每个灯头盒均应用 2 个吊卡固定在钢索上。 (2) 瓷柱（珠）用吊架或支架安装时，一般应使用不小于 30mm×30mm×3mm 的角钢或使用不小于 40mm×4mm 的扁钢。

续表

序号	作业	前置任务	作业控制要点
3	配管或安装瓷珠	固定卡子完成	(3) 瓷柱（珠）固定在望板上时，望板的厚度不应小于 20mm。 (4) 瓷柱（珠）应清洁完整、无裂纹、破损等现象，安装时不能颠倒
4	管内穿线或配塑料护套线	配管或安装瓷珠完成	(1) 根据设计图，在钢索上量出灯位及固定点的位置。将护套线按段剪断，调直后放在放线架上。 (2) 敷设时应从钢索的一端开始，放线时应先将导线理顺，同时用铝卡子在标出固定点的位置上将护套线固定在钢索上，直至终端。 (3) 灯具为吊链灯时，从接线盒至灯头的导线应依次编叉在吊链内，导线不应受力。吊链为瓜子链时，可用塑料线将导线垂直绑在吊链上。 (4) 干线导线可直接逐盒穿通，分支导线的接头可设在接线盒或器具内，导线不得外露。 (5) 导线之间和导线对地之间的绝缘电阻值必须大于 0.5MΩ。 (6) 钢索及金属管、吊架必须做有明显可靠的保护接地，中间的花篮螺栓和金属盒的两端应做跨接地线

5.9 电缆头制作、导线连接和线路电气试验作业要点

卡片编码：电气照明 505，上道工序：线缆敷设。

序号	作业	前置任务	作业控制要点
1	锯断、剥切电缆、导线	电缆敷设完成，配电柜安装完成	(1) 应按设计和实际路径计算每根电缆的长度，合理安排每盘电缆，减少电缆接头。 (2) 切断电缆时不应有金属屑及污物进入电缆。 (3) 剥切电缆时不应损伤线芯和保留的绝缘层。 (4) 制作电缆终端与接头，从剥切电缆开始应连续操作直至完成，缩短绝缘暴露时间。剥切电缆时不应损伤线芯和保留的绝缘层。附加绝缘的包绕、装配、热缩等应清洁。 (5) 电缆终端和接头应采取加强绝缘、密封防潮、机械保护等措施。6kV 及以上电力电缆的终端和接头，尚应有改善电缆屏蔽断部电场集中的有效措施，并应确保外绝缘相间和对地绝缘。 (6) 在制作塑料绝缘电缆终端头和接头时，应彻底清除半导电屏蔽层。对包带石墨屏蔽层，应使用溶剂擦去碳迹；对挤出屏蔽层，剥除时不得损伤绝缘表面，屏蔽端部应平整
2	电缆焊接压线端子，导线刷压接接线帽	电缆剥切完毕	(1) 接线端子（接线鼻）：应根据导线的根数和总截面积选择相应规格的接线端子。 (2) 焊锡：由锡、铅和锑等元素组合的低熔点(185～260℃）合金。焊锡制成条状或丝状。 (3) 焊剂：能清除污物和抵制工件表面氧化物，一般焊接应采用松香液，将天然松香溶液在酒精中制成乳状液体，适用于铜及铜合金焊件。

续表

序号	作业	前置任务	作业控制要点
2	电缆焊接压线端子，导线刷压接接线帽	电缆剥切完毕	(4) C形压线帽：且有阻燃性能氧指数为27%以上，适用于铝导线2.5mm^2、4mm^{2}两种，适用铜导线1～4mm^{2}结头压接，分为黄、白、红、绿、蓝5种颜色，可根据导线截面和根数选择使用（铝导线用绿、蓝；铜线用黄、白、红）
3	包缠绝缘胶带	电缆焊接压线端子，涮锡完毕	(1) 采用橡胶（或粘塑料）绝缘带从导线接头处始端的完好绝缘层开始，缠绕1～2个绝缘带幅宽度，再以半幅宽度重叠进行缠绕。在包扎过程中应尽可能地收紧绝缘带。最后在绝缘层上缠绕1～2圈后，再进行回缠。采用橡胶绝缘带包扎时，应将其拉长2倍后再进行缠绕。然后再用黑胶布包扎，包扎时要衔接好，以半幅宽度边压边进行缠绕，同时在包扎过程中收紧胶布，导线接头处两端应用黑胶布封严密。包扎后应呈枣核形
4	电缆头外壳与电缆护套及铠装层接地	电缆敷设完成	(1) 三芯电力电缆接头两侧电缆的金属屏蔽层（或金属套）、铠装层应分别连接良好，不得中断，跨接线的截面不应小于下表接地线截面的规定。直埋电缆接头的金属外壳及电缆的金属护层应做防腐处理。

续表

<table>
<tr><th>序号</th><th>作业</th><th>前置任务</th><th>作业控制要点</th></tr>
<tr><td>4</td><td>电缆头外壳与电缆护套及铠装层接地</td><td>电缆敷设完成</td><td>电缆芯线和接地线截面积（mm^2）
<table>
<tr><th>电缆芯线截面</th><th>接地线截面</th></tr>
<tr><td>120 及以下</td><td>16</td></tr>
<tr><td>150 及以下</td><td>25</td></tr>
</table>
（2）三芯电力电缆终端处的金属护层必须接地良好；塑料电缆每相铜屏蔽和钢铠应用焊锡焊接接地线。电缆通过零序电流互感器时，电缆金属护层和接地线应对地绝缘，电缆接地点在互感器以下时，接地线应直接接地；接地点在互感器以上时，接地线应穿过互感器接地</td></tr>
<tr><td>5</td><td>校相及绝缘摇测</td><td>电缆头外壳与电缆护套及铠装层接地</td><td>（1）低压电线和电缆，线间和线对地间的绝缘电阻值必须大于 0.5MΩ。
（2）电线、电缆交接试验合格，且对接线去向和相位等检查确认，才能通电。
（3）电力电缆绝缘电阻值可参照下表中的绝缘电阻值，该表值是将各类电力电缆换算到 20℃时的每公里的最低绝缘电阻值。
电力电缆绝缘电阻值
<table>
<tr><th colspan="2">电缆额定电压（kV）</th><th>1</th><th>6</th><th>10</th><th>35</th></tr>
<tr><td rowspan="3">绝缘电阻（MΩ）</td><td>聚氯乙烯电缆</td><td>40</td><td>60</td><td>—</td><td>—</td></tr>
<tr><td>聚乙烯电缆</td><td>—</td><td>1000</td><td>1200</td><td>3000</td></tr>
<tr><td>交联聚乙烯电缆</td><td>—</td><td>1000</td><td>1200</td><td>3000</td></tr>
</table></td></tr>
</table>

5.10 普通灯具安装工序作业要点

卡片编码：电气照明 506，上道工序：线缆敷设。

序号	作业	前置任务	作业控制要点
1	灯具检查	灯具进场	(1) 根据灯具的安装场所检查灯具是否符合要求。 (2) 根据装箱单清点安装配件。 (3) 注意检查制造厂的有关技术文件是否齐全。 (4) 检查灯具外观是否正常，有无擦碰、变形受潮、金属镀层剥落锈蚀等现象
2	弹线定位	土建湿作业完成，装修完成	(1) 成排照明灯具应统一弹线定位、开孔，确保横平竖直。 (2) 应预先提交有关位置及尺寸交有关人员开孔。 (3) 调整灯具边框。如灯具对称安装，其纵向中心轴线应在同一直线上，偏斜不应大于 5mm
3	埋设螺栓	弹线定位完成	(1) 灯具固定牢固可靠，不使用木楔。 (2) 每个灯具固定用螺栓或螺钉不少于 2 个。 (3) 当绝缘台直径在 75mm 及以下时，采用一个螺钉或螺栓固定

续表

序号	作业	前置任务	作业控制要点
4	灯具组装	弹线定位完成装修完成	(1) 线吊灯的软线两端做保护扣，两端芯线搪锡。 (2) 除敞开式灯具外，其他各类灯具灯泡容量在 100W 及以上者采用瓷质灯头。 (3) 连接灯具的软线盘扣、搪锡压线，当采用螺口灯头时，相线接于螺口灯头中间的端子上。 (4) 安装在重要场所的大型灯具的玻璃罩，应采取防止玻璃罩碎裂后向下溅落的措施
5	接线	灯具组装完成	(1) 灯具及其配件齐全，无机械损伤、变形、涂层剥落和灯罩破裂等缺陷。 (2) 吊灯的软线两端做保护扣，两端芯线搪锡；当安装升降器时，套塑料软管，采用安全灯头。 (3) 连接灯具的软线盘扣、搪锡压线，当采用螺口灯头时，相线接于螺口灯头中间的端子上。 (4) 变电所内，高低压配电设备及裸母线的正上方不应安装灯具

5.11　专用灯具安装工序作业要点

卡片编码：电气照明 507，上道工序：线缆敷设。

序号	作业	前置任务	作业控制要点
1	灯具检查	灯具进场	(1) 根据灯具的安装场所检查灯具是否符合要求：1) 行灯变压器应为双圈变压器，其电源侧和负荷侧有熔断器保护；2) 水下灯及防水灯具，其防水胶圈应完整有弹性；3) 手术台无影灯的镀膜反光罩应光洁无变形，镀膜层应均匀无损伤；4) 应急照明电源的蓄电装置是否正常，应无泄漏、腐蚀现象；5) 各类灯具的电光源的规格型号应正确无误。 (2) 根据装箱单清点安装配件。 (3) 注意检查制造厂的有关技术文件是否齐全。 (4) 检查灯具外管是否正常，有无擦碰、变形、受潮；金属镀层剥落锈蚀等现象
2	埋设螺栓	弹线定位完成	(1) 固定灯座的螺栓数量不少于灯具法兰底座上的固定孔数，且螺栓直径与底座孔径相适配；螺栓采用双螺母锁固。 (2) 在混凝土结构上，螺栓与主筋焊接或将螺栓末端弯曲与主筋绑扎锚固
3	灯具组装	装修完成	(1) 专用灯具一般已由制造厂家完成整体组装，只需检查接线即可。 (2) 对水下及防爆灯具应注意检查密封防水胶圈安装是否平顺，固定螺栓旋紧力矩是否均匀一致

续表

序号	作业	前置任务	作业控制要点
4	灯具附件安装	灯具安装	(1) 彩灯配线管路按明配管敷设，且具有防雨功能。管路间、管路与灯头盒间采用螺纹连接，金属导管及彩灯的构架、钢索等可接近裸露导体接地（PE）或接零（PEN）可靠。 (2) 霓虹灯专用变压用双圈式，所供灯管长度不大于允许负载长度，露天安装时应有防雨措施。 (3) 灯具安装牢固可靠，且设置维修和更换光源的措施
5	接线	灯具组装完成	(1) 多股芯线接头应搪锡，与接线端子连接应可靠牢固。 (2) 行灯变压器外壳、铁芯和低压侧的任意一端或中性点接地（或接零）应可靠。 (3) 水下灯具电源进线应采用绝缘导管与灯具连接，严禁采用金属或有金属护层的导管，连接处应密封良好。 (4) 水下灯及防水灯具应进行等电位联结，连接应可靠。 (5) 防爆灯具开关与接线盒螺纹啮合扣数不少于 5 扣，并在螺纹上涂以电力复合脂。 (6) 灯具内接线完毕后应用尼龙扎带整理固定，以避开有可能的热源等危险位置

5.12 插座、开关、风扇安装作业要点

卡片编码：电气照明 508，上道工序：线缆敷设。

序号	作业	前置任务	作业控制要点
1	配合土建预留盒、预埋吊钩	结构绑扎钢筋，未合模板前	(1) 根据安装施工图，检查预留、预埋位置。 (2) 根据土建提供的建筑轴线位置，标高的水平线，预留盒、预埋吊钩
2	材料检查	材料进场，装修工作基本完成	(1) 查验合格证，防爆产品有防爆合格证号，实行安全认证制度产品有安全认证标志。 (2) 外观检查：开关、插座的面板及接线盒盒体完整，无碎裂、零件齐全，风扇无损坏，涂层完整，调速器等附件适配
3	接线	材料检查，装修完成	(1) 单相两孔插座，面对插座的右孔或上孔与相线连接，左孔或下孔与零线连接；单相三孔插座，面对插座的右孔与相线接连，左孔与零线连接； (2) 单相三孔、三相四孔及三相五孔插座接地(PE)或接零（PEN）线接在上孔。插座的接地端子不与零线端子连接。同一场所的三相插座，接线的相序一致。 (3)（PE）或接零（PEN）线在插座间不串联连接
4	面板风扇安装	接线完成	(1) 暗装的开关面板应紧贴墙面，四周无缝隙，安装牢固，表面光滑整洁、无碎裂、划伤，装饰帽齐全

续表

序号	作业	前置任务	作业控制要点
4	面板风扇安装	接线完成	(2) 吊扇安装应符合下列规定：1) 涂层完整，表面无划痕、无污染，吊杆上下扣碗安装牢固到位；2) 同一室内并列安装的吊扇开关高度一致，且控制有序不错位。 (3) 壁扇安装应符合下列规定：1) 壁扇下侧边缘距地面高度不小于 1.8m；2) 涂层完整，表面无划痕、无污染，防护罩无变形

5.13 建筑照明通电试运行作业要点

卡片编码：电气照明 509，上道工序：子分部安装完成。

序号	作业	前置任务	作业控制要点
1	插座开关通电运行	照明系统安装，绝缘摇测完毕	(1) 当交流、直流或不同电压等级的插座安装在同一场所时，应有明显的区别，且必须选择不同结构、不同规格和不能互换的插座；配套的插头应按交流、直流或不同电压等级区别使用。 (2) 单相三孔、三相四孔及三相五孔插座接地 (PE) 或接零 (PEN) 线接在上孔。插座的接地端子不与零线端子连接。同一场所的三相插座，接线的相序一致。

续表

序号	作业	前置任务	作业控制要点
1	插座开关通电运行	照明系统安装，绝缘摇测完毕	(3) 同一建筑、构筑物的开关采用同一系列的产品，开关的通断位置一致，操作灵活、接触可靠。 (4) 通电试运行前检查。1) 复查总电源开关至各照明回路进线电源开关接线是否正确；2) 照明配电箱及回路标识应正确一致；3) 检查漏电保护器接线是否正确，严格区分工作零线与专用保护零线，专用保护零线严禁接入漏电开关；4) 检查开关箱内各接线端子连接是否正确可靠；5) 断开各回路分电源开关，合上总进线开关，检查漏电测试按钮是否灵敏有效。 (5) 分回路试通电。1) 将各回路灯具等用电设备开关全部置于断开位置；2) 逐次合上各分回路电源开关；3) 分回路逐次合上灯具等的控制开关，检查开关与灯具控制顺序是否对应、风扇的转向及调速开关是否正常；4) 用试电笔检查各插座相序连接是否正确，带开关插座的开关是否能正确关断相线
2	照明灯具试运行	照明系统安装，绝缘摇测完成	(1) 公用建筑照明系统通电连续试运行时间为24h，民用住宅照明系统通电连续试运行时间应为8h。所有照明灯具均应开启，且每2h记录运行状态1次，连续试运行时间内无故障。 (2) 照明系统通电，灯具回路控制应与照明配电箱及回路的标识一致；开关与灯具控制顺序相对应，风扇的转向及调速开关应正常

6　备用和不间断电源

6.1　成套配电柜、控制柜（屏、台）和动力、照明配电箱（盘）安装作业要点

卡片编码：备用和不间断电源 601，上道工序：土建交接。

序号	作业	前置任务	作业控制要点
1	基础施工	设备进场画线定位	（1）基础型钢安装宜由安装施工单位承担。如由土建单位承担，设备安装前应做好中间交接。 （2）型钢预先调直，除锈，刷防锈底漆。 （3）基础型钢架可预制或现场组装。按施工图纸所标示位置，将预制好的基础型钢架或型钢焊牢在基础预埋铁上。用水准仪及水平尺找平，校正。需用垫片的地方，须按钢结构施工规范要求。垫片最多不超过 3 片，焊后清理，打磨，补刷防锈漆。 （4）基础型钢与接地母线连接，将接地扁钢引入并与基础型钢两端焊牢。焊缝长度为接地扁钢宽度的 2 倍

续表

序号	作业	前置任务	作业控制要点
2	配电柜的搬运和检查	基础施工	(1) 成套配电柜、屏、台、箱、盘在运输过程中，因受振动使螺栓松动或导线连接脱落是经常发生的，所以进场验收时要注意检查，以利采取措施，使其正确复位。 (2) 查验合格证和随带技术文件，实行生产许可证和安全认证制度的产品，有许可证编号和安全认证标志。不间断电源柜有出场试验记录。 (3) 外观检查：有铭牌，柜内元器件无损坏丢失、接线无脱落焊，涂层完整，无明显碰撞凹陷
3	配电柜的安装与接地	配电柜的搬运和检查	(1) 柜（屏台）安装应按施工图布置，事先编设备号位号，按顺序将柜（屏、台）安放到基础型钢上。 (2) 柜、屏、台、箱、盘安装垂直度允许偏差为1.5mm，相互间接缝不应大于2mm，成列盘面偏差不应大于5mm。 (3) 柜、屏、台、箱、盘的金属框架及基础型钢必须接地（PE）或接零（PEN）可靠；装有电器的可开门，门和框架的接地端子间应用裸编织铜线连接，且有标识。 (4) 低压成套配电柜、控制柜（屏、台）和动力、照明配电箱（盘）应有可靠的电击保护

续表

序号	作业	前置任务	作业控制要点
4	配电柜的接地与整体试验	配电柜的安装与接地	(1) 接地（PE）或接零（PEN）连接完成后，核对柜、屏、台、箱、盘内的元件规格、型号，且交接试验合格，才能投入试运行。 (2) 柜（屏、台）箱（盘）安装，试验调整必须符合施工规范规定，施工安装质量检验应结合外观实测检查安装记录和试验调整记录
5	动照配电箱安装，绝缘摇测	孔洞预留好或预埋件已完成	(1) 弹线定位：根据设计要求找出配电箱（盘）位置，并按照箱（盘）外形尺寸进行弹线定位。配电箱安装底口距地一般为 1.5m，明装电度表板底口距地不小于 1.8m。在同一建筑物内，同类箱盘高度应一致，允许偏差 10mm。 (2) 安装配电箱（盘）的木砖及铁件等均应预埋，挂式配电箱（盘）应采用膨胀螺栓固定。 (3) 铁制配电箱（盘）均需先刷一道防锈漆，再刷灰油漆两道。 (4) 配电箱（盘）带有器具的铁制盘面和装有器具的门均应有明显可靠的裸软铜线 PE 线接地。 (5) 配电箱（盘）安装时应牢固、平正，其允许偏差不应大于 3mm，配电箱体高 50cm 以下，允许偏差 1.5mm。 (6) 配电箱（盘）上电器，仪表应牢固、平正、整洁、间距均匀。铜端子无松动，启闭灵活，零部件齐全。配电箱内母线相序排列一致，母线色标正确，均匀完整，二次结线排列整齐，回路编号清晰齐全。

续表

序号	作业	前置任务	作业控制要点
5	动照配电箱安装，绝缘摇测	孔洞预留好或预埋件已完成	(7) 照明箱（盘）内，分别设置零线（N）和保护地线（PE线）汇流排，零线和保护地线经汇流排配出。 (8) 绝缘摇测：配电箱（盘）全部电器安装完毕后，用500V兆欧表对线路进行绝缘摇测。摇测项目包括相线与相线之间，相线与零线之间，相线与地线之间，零线与地线之间，两人进行摇测，同时做好记录，作为技术资料存档

6.2 柴油发电机组安装要点

卡片编码：备用和不间断电源602，上道工序：土建交接。

序号	作业	前置任务	作业控制要点
1	发电机组基础定位和基础施工、验收	基础施工，预埋件安装完毕	(1) 根据安装施工图，检查基础的外形尺寸及基础上的预埋铁或预留孔位置。基础表面应无裂缝、空洞、露筋和掉角现象。 (2) 根据土建提供的建筑轴线位置，标高的水平线，分别检查安装基准线与建筑轴线距离，安装基准线与设备平面位置和标高的偏差值

续表

序号	作业	前置任务	作业控制要点
2	柴油发电机组水平及垂直运输	基础施工完毕粗装修完成	(1) 在搬运时应注意将起吊的绳索应系结在适当的位置，轻吊轻放。 (2) 当机组运到目的地后，应尽量放在库房内，如果没有库房，需要在露天存放时，则将油箱垫高，防止雨水浸湿，箱上应加盖防雨帐篷，以防日晒雨淋，损坏设备。 (3) 由于机组的体积大，重量很重，安装前应先安排好搬运路线，在机房应预留搬运口。如果门窗不够大，可利用门窗位置预留出较大的搬运口，待机组搬入后，再补砌墙和安装门窗
3	柴油发电机组附属部件安装	柴油发电机就位	(1) 机组主体的安装： 如果安装现场允许吊车作业时，用吊车将机组整体吊起，把随机配的减振器装在机组的底下。在柴油发电机组施工完成的基础上，放置好机组。一般情况下，减振器无须固定，只需在减振器下垫一层薄薄的橡胶板，如果需要固定，划好减振器的地脚螺栓孔的位置，吊起机组，埋好地脚螺栓后，放好机组，最后拧紧地脚螺栓。现场不允许吊车作业时，可将机组放在滚杠上，滚至选定位置，用千斤顶（千斤顶规格根据机组重量选定）将机组一端抬高，注意机组两边的升高一致，直至底座下的间隙能安装抬高一端的减振器。释放千斤顶，再抬机组另一端，装好剩余的减振器，撤出滚杠，释放千斤顶。再抬机组另一端，装好剩余的减振器，撤出滚杠，释放千斤顶。

续表

序号	作业	前置任务	作业控制要点
3	柴油发电机组附属部件安装	柴油发电机就位	(2) 燃料系统的安装： 供油系统一般由储油罐、日用油箱、油泵和电磁阀、连接管路构成，当储油罐位置低（低于机组油泵吸程）或高（高于油门所能承受的压力）时，必须采用日用油箱。日用油箱上有液位显示及浮子开关（自动供油箱装备），油泵系统的安装要求参照本系统设备的安装规范要求。 (3) 排烟系统的安装： 排烟系统一般由排烟管道、排烟消声器及各种连接件组成；将导风罩按设计要求固定在墙壁上；将随机法兰与排烟管焊接（排烟管长度及数量根据机房大小及排烟走向），焊接时注意法兰之间的配对关系。根据消声器及排烟管的大小和安装高度，配置相应的套箍；用螺栓将消声器、弯头、垂直方向排烟管、波纹管按图纸连接好，保证各处密封良好，将水平方向排烟管与消声器出口用螺栓连接好，保证接合面的密封性。排烟管外围包裹一层保温材料；柴油发电机组与排烟管之间的连接常规使用波纹管，所有排烟管的管道重量不允许压在波纹管上，波纹管应保持自由状态。 (4) 风系统的安装： 将进风预埋铁框预埋至墙壁内，用水泥护牢，待达到强度后装配；安装进风口百叶或风阀用螺栓固定；通风管道的安装详见相关工艺标准。 (5) 排风系统的安装：

续表

序号	作业	前置任务	作业控制要点
3	柴油发电机组附属部件安装	柴油发电机就位	测量机组的排风口的坐标位置尺寸；计算排风口的有关尺寸；预埋排风口；安装排风机、中间过度体、软连接、排风口、有关工艺标准见相关专业。 (6) 热交换器： 1) 核对水冷柴油发电机组的热交换器的进、出水口，与带压的冷却水源压力方向一致，连接进水管和出水管；2) 冷却水进、出水管与发电机组本体的连接应使用软管隔离。 (7) 随机安装散热水箱： 1) 核对水冷柴油发电机组的散热水箱加水口和放水口处是否留有足够空间，便于日常维护；2) 检查风扇皮带张紧程度。 (8) 电气系统的安装：参照有关电气设备系统的安装要求
4	交接试验	柴油发电机测试完毕	(1) 机组空负荷运行：用机组的启动装置手动启动柴油发电机无负荷试车 1h，如发现问题，及时解决。 (2) 柴油发电机无负荷试车合格后，再进行 2h 空载试验，检查机身和轴承的温升。 (3) 只有机组空载试验合格，才能进行带负荷试验。 (4) 检测机组的保护性能：采用仪器分别发出机油压力低、冷却水温高、过电压、缺相、过载、短路等信号，机组应立即启动保护功能，并预警。

续表

序号	作业	前置任务	作业控制要点
4	交接试验	柴油发电机测试完毕	(5) 检测机组补给装置，采用相序表对市电与发电机电源进行核相，相序应一致。 (6) 机组带负荷试验：机组在额定转速下发电，检查机组带负荷运行时各主要指标。 (7) 机组满负荷试验：进行满负荷状态下机组的各项性能试验，根据要求完成机组满负荷运行时间。与系统的联动调试：人为切断市电电源，主用机组应能在设计要求的时间内自动启动并向负载供电。恢复市电，备用机组自动停机。试运行验收：对受电侧的开关设备、自动或手动切换装置和保护装置等进行试验。 (8) 试验合格后，按设计的备用电源使用分配方案，进行负荷试验，机组和电气装置连续运行 24h 无故障，方可交接验收

6.3 不间断电源安装要点

卡片编码：备用和不间断电源 603，上道工序：土建交接。

序号	作业	前置任务	作业控制要点
1	机架安装	装修完成	(1) 基础槽钢安装：

续表

序号	作业	前置任务	作业控制要点
1	机架安装	装修完成	1）根据有关图纸及设备安装说明检查机柜引入、引出管线、机柜基础槽钢、接地干线是否符合要求。2）待机柜安装完毕后，需刷调和漆两道，以防基础槽钢裸露部分锈蚀。3）根据发现的问题及时进行修整。 （2）主回路线缆及控制电缆敷设。 （3）机柜就位及固定：1）根据设备情况将机柜搬运至现场，吊装在预先设置好的基础槽钢上。2）采用镀锌螺栓将机柜固定在基础槽钢上。3）调整机柜的垂直度偏差及各机柜间的间距偏差、水平度、垂直度偏差不应大于1.5‰。 （4）柜内设备安装接线
2	不间断电源功能单元试验	设备进场	（1）依据设备安装使用说明书的操作提示进行送电调试。 （2）送电前应注意检查设备散热风扇处的保护薄膜是否已经取掉，以免造成机柜通风散热困难。 （3）应在系统内各设备运转正常的情况下调整设备，使系统各项指标满足设计要求。 （4）不间断电源首次使用时应根据设备使用说明书的规定进行充电，在满足使用要求前不得带负载运行。 （5）大型系统调试应以设备厂家技术人员为主，安装人员为辅。 （6）系统验收时应会同建设单位有关人员一道进行，并做好相关记录

续表

序号	作业	前置任务	作业控制要点
3	绝缘摇测	接线完成	（1）1kV及以下电缆，用1kV摇表摇测线间及对地的绝缘电阻不低于10MΩ。 （2）3～10kV电缆应先做耐压和泄漏试验，试验标准符合国家和当地供电部门规定。 （3）试验完毕，用橡皮包布密封后再用黑胶布包好

6.4 裸母线、封闭母线、插接式母线安装作业要点

卡片编码：备用和不间断电源604，上道工序：土建交接。

序号	作业	前置任务	作业控制要点
1	设备点件检查	障碍已清理，设备进场	（1）设备开箱点件检查，应由安装单位、建设单位或供货单位共同进行，并做好记录。 （2）根据装箱单检查设备及附件，其规格、数量、品种应符合设计要求。 （3）检查设备及附件，分段标志应清晰、齐全、外观无损伤变形，母线绝缘电阻符合设计要求。

续表

序号	作业	前置任务	作业控制要点
1	设备点件检查	障碍已清理，设备进场	(4) 检查发现设备及附件不符合设计和质量要求时，必须进行妥善处理，经过设计认可后再进行安装。 (5) 支架制作和安装应按设计和产品技术文件的规定制作和安装
2	支架制作安装	设备进场验收完毕	(1) 支架制作。1) 根据施工现场结构类型，支架应采用角钢或槽钢制作。应采用“一”字形、“L”形、“U”形、“T”形 4 种形式。2) 支架的加工制作按选好的型号，测量好的尺寸断料制作，断料时严禁气割切割，加工尺寸最大误差 5mm。3) 型钢架的摵弯宜使用台钳，用锤子打制，也可使用油压摵弯器用模具顶制。4) 支架上钻孔应使用台钻或手电钻钻孔，不得用气割割孔，孔径不得大于固定螺栓直径 2mm。5) 螺杆套扣，应用套丝机或套丝板加工，不许断丝。 (2) 支架的安装。1) 封闭插接母线的拐弯处及与箱（盘）连接处必须加支架。直段插接母线支架的距离不应大于 2m。2) 埋注支架用水泥砂浆，灰砂比 1∶3，强度等级 32.5 级及其以上的水泥，应注意灰浆饱满、严实，不高出墙面，埋深不少于 80mm。3) 固定支架的膨胀螺栓不少于两个。一个吊架应用两根吊杆，固定牢固，螺扣外露 2～4 扣，膨胀螺栓应加平垫圈和弹簧垫，吊架应用双螺母夹紧。

续表

序号	作业	前置任务	作业控制要点
2	支架制作安装	设备进场验收完毕	4）支架及支架与预埋件焊接处刷防腐油漆，并应均匀，无漏刷，不污染建筑物
3	母线就位安装	支架制作安装	（1）线与外壳同心，允许偏差为±5mm。 （2）封闭插接母线应按设计和产品技术文件规定进行组装，每段母线组对接续前绝缘电阻测试合格，绝缘电阻值大于20MΩ，才能安装组对。 （3）母线槽，固定距离不得大于2.5m。水平敷设距地高度不应小于2.2m。 （4）母线槽的端头应装封闭罩，各段母线槽的外壳的连接应该是可拆的，外壳间有跨接地线，两端应可靠接地。 （5）母线与设备连接采用软连接，母线紧固螺栓应由厂家配套供应，应用力矩扳手紧固。 （6）封闭式母线垂直安装距地1.8m以下应采取保护措施（电气专用竖井、配电室、电机室、技术层等除外）。 （7）封闭式母线穿越防火墙、防火楼板时，应采取防火隔离措施
4	绝缘摇测	母线就位安装	测量各母线相间绝缘电阻以及相对地的绝缘电阻，相间和相对地间的绝缘电阻值应大于0.5MΩ

续表

序号	作业	前置任务	作业控制要点
5	试运行	绝缘摇测和耐压试验合格	(1) 试运行条件：变配电室已达到送电条件，土建及装饰工程及其他工程全部完工，并清理干净。与插接式母线连接设备及连线安装完毕，绝缘良好。 (2) 对封闭式母线进行全面的整理，清扫干净，接头连接紧密，相序正确，外壳接地（PE）或接零（PEN）良好。绝缘摇测和交流工频耐压试验合格，才能通电。低压母线的交流耐压试验电压为 1kV，当绝缘电阻值大于 10MΩ 时，可用 2500V 兆欧表摇测替代，试验持续时间 1min，无闪络现象；高压母线的交接耐压试验，必须符合现行国家标准《电气装置安装工程电气设备交接试验标准》GB 50150 的规定。 (3) 送电空载运行 24h 无异常现象，办理验收手续，交建设单位使用，同时提交验收资料。 (4) 验收资料包括：交工验收单、变更洽商记录、产品合格证、说明书、测试记录、运行记录等

6.5 电线、电缆导管和线槽敷设管路暗敷设作业要点

卡片编码：备用和不间断电源 605（1），上道工序：土建交接。

序号	作业	前置任务	作业控制要点
1	管材选用	管材进场	（1）主材：钢管具备有效的产品合格证，原材合格证，镀锌管外表层完整、无剥落现象。 （2）辅材：灯头盒、接线盒、开关盒、插座盒、直管接头、螺纹管接头、护口、管卡、圆钢、扁钢、角钢、防锈漆等具有合格证，螺栓、螺母、垫圈为镀锌件，镀锌层完整无缺
2	预制加工	管材进场	（1）ϕ25 及以下的管弯采用冷揻法，用手动揻弯器加工；ϕ32～ϕ40 的管弯采用成品件。 （2）管子切断：钢管用钢锯切断；管口处平齐、无毛刺，管内无铁屑，长度适当
3	弹线定位	模板铺设完毕	（1）按照设计图测出盒、箱、出线口等准确位置。测量时，应使用自制尺杆，弹线定位。 （2）根据测定的盒、箱位置，把管路的垂直点水平线弹出，按照要求标出支架、吊架固定点具体尺寸位置
4	盒、箱定位固定	弹线定位完毕	（1）墙体上稳装盒箱：盒箱要平整牢固，坐标位置准确，盒箱口封堵完好；当盒箱保护层小于 3mm 时，为防止墙体空裂，需加金属网然后再抹灰。 （2）顶板上稳装灯头盒：灯头盒坐标位置准确，盒子要封堵完好，建议使用活底灯头盒

续表

序号	作业	前置任务	作业控制要点
5	导管暗敷设	箱盒固定完毕下层钢筋敷设完毕	(1) 暗配管路宜沿最近路线敷设，并尽量减少弯曲；埋入墙体或顶板内的钢管，离表面的净距不小于15mm，消防管路不小于30mm。 (2) 敷设于多尘、潮湿场所的管路，管口处均应做密封处理，穿入防管路应做密封处理。 (3) 落地式配电箱（柜）内的管路（指下方），排列整齐，管口应高出基础面50～80mm。 (4) 管路的弯曲半径至少在6*D*以上，弯扁度在0.1*D*以下
6	地线连接	管路敷设完毕	(1) 管路应做整体接地连接，穿过建筑物变形缝时，应有接地补偿装置。如采用跨接方法连接，跨接地线两端焊接面不得小于该跨接截面的6倍。焊缝均匀牢固，焊接处要清除焊渣，刷防腐漆。 (2) 卡接：镀锌钢管或可挠金属电线保护管，应有专用接线卡连接，不得采用熔焊连接角线

6.6 管路明敷设作业要点

卡片编码：备用和不间断电源605（2），上道工序：土建交接。

序号	作业	前置任务	作业控制要点
1	管材选用	管材进场	镀锌钢管（或电线管）壁厚均匀，焊缝均匀，无劈裂、砂眼、棱刺凹扁现象。除镀锌管外，其他管材需预先除锈、刷防腐漆（埋入现浇混凝土时，可不刷防腐漆，但应除锈）。镀锌管或刷过防腐漆的钢管外表层完整，无剥落现象，应具有产品材质单和合格证
2	预制加工	管材进场	（1）$\phi25$ 及以下的管弯采用冷摵法，用手动摵弯器加工；$\phi32\sim\phi40$ 的管弯采用成品件。 （2）管子切断：钢管用钢锯切断；管口处平齐、无毛刺，管内无铁屑，长度适当
3	弹线定位	土建结构验收通过，障碍物已清理	（1）按照设计图测出盒、箱、出线口等准确位置。成排成列的箱盒位置，应挂通线或十字线安装找正。 （2）根据测定的盒、箱位置，把管路的垂直点水平线弹出，按照要求标出支架、吊架固定点具体尺寸位置
4	支吊架固定	支吊架制作及弹线定位完毕	（1）支架、吊架要按图纸设计进行加工。 （2）无论采用何种固定方法，均应先固定两端支架、吊架，然后拉直线固定中间的支架、吊架。 （3）箱盒固定：采用定型箱盒，需在箱盒下侧100～150mm 处加稳固支架，将管固定在支架上，箱盒安装应牢固平整，开孔整齐，并与管径吻合。要求一管一孔，不得开长孔。铁制箱盒严禁气割开孔

续表

序号	作业	前置任务	作业控制要点
5	导管明敷设	支吊架固定完毕	(1) 根据设计图纸加工支架、吊架，固定卡采用成品件，接线盒使用成品明装盒。 (2) 敷设于多尘、潮湿场所的管路，管口处均应做密封处理，穿入防管路应做密封处理。 (3) 消防管路刷防火涂料
6	地线连接	管路敷设完毕	(1) 管路应做整体接地连接，穿过建筑物变形缝时，应有接地补偿装置。如采用跨接方法连接，跨接地线两端焊接面不得小于该跨接截面的 6 倍。焊缝均匀牢固，焊接处要清除焊渣，刷防腐漆。 (2) 卡接：镀锌钢管或可挠金属电线保护管，应有专用接线卡连接，不得采用熔焊连接角线

6.7 线槽敷设作业要点

卡片编码：备用和不间断电源 605 (3)，上道工序：土建交接。

序号	作业	前置任务	作业控制要点
1	线槽选用	线槽进场	(1) 主材：具备有效的产品合格证或检验报告，线槽内外无棱刺、无扭曲、翘边等变形现象；保护层完整、无剥落及锈蚀现象。

续表

序号	作业	前置任务	作业控制要点
1	线槽选用	线槽进场	(2) 辅材：连接板、内衬片、金属膨胀螺栓、半圆头螺栓、螺母、垫圈为镀锌件，镀锌层完整无缺
2	预制加工	线槽验收完毕	线槽内外应光滑平整，无棱刺，不应有扭曲，翘边等变形现象
3	弹线定位	土建结构验收通过	根据图纸先确定配电箱（柜）等电气器具的安装位置，从始端至终端、先干线后支线找水平或垂直线，用粉线袋沿墙壁、顶板、地面等弹出线路的中心线，并按图纸及施工规范的规定，分匀支架、吊架的挡距，标出支架、吊架的具体位置。
4	支吊架固定	障碍清理弹线定位完毕	(1) 根据支架、吊架所承荷载，确定支架、吊架的规格，在线槽订货时向厂家作技术交底，由厂家与线槽统一加工。 (2) 膨胀螺栓埋好后，用螺母配上相应的垫圈将支架、吊架直接固定在金属膨胀螺栓上。 (3) 支架、吊架安装后，拉线进行调平、调正
5	线槽敷设	预留孔洞清理及支吊架固定完毕	(1) 线槽应平整，无扭曲变形，内壁无毛刺，各种附件齐全。 (2) 线槽的接口应平整，接缝处应紧密平直。槽盖装上后应平整，无翘角，出线口的位置准确。 (3) 在吊顶内敷设时，如果吊顶无法上人时应留有检修孔。

续表

序号	作业	前置任务	作业控制要点
5	线槽敷设	预留孔洞清理及支吊架固定完毕	(4) 不允许将穿过墙壁的线槽与墙上的孔洞一起抹死。 (5) 线槽的所有非导电部分的铁件均应相互连接和跨接，使之成为一连续导体，并做好整体接地。 (6) 当线槽的底板对地距离低于 2.4m 时，线槽本身和线槽盖板均必须加装保护地线
6	地线连接	线槽敷设完毕	(1) 金属线槽应做整体接地连接，地脚螺栓直径不小于 M6。 (2) 弱电金属线槽等电位敷设方法可沿线槽外(内)侧敷设一道镀锌扁钢，扁钢与接地干线相连，每 25～30m 与线槽连接一次；线槽首末端需接地；弱电竖井应做等电位。 (3) 过变形缝处的线槽，把变形缝两侧的线槽进行地线跨接

6.8 电线、电缆穿管和线槽敷线电线、电缆穿管作业要点

卡片编码：备用和不间断电源 606 (1)，上道工序：线管、线槽敷设。

序号	作业	前置任务	作业控制要点
1	穿带线	管路敷设完毕，现场清理干净	(1) 带线一般均采用 1.2～2.0mm 的铁丝。先将铁丝的一端弯成不封口的圆圈，再利用穿线器将带线穿入管路内，在管路的两端均应留有 10～15cm 的余量。 (2) 在管路较长或转弯较多时，可以在敷设管路的同时将带线一并穿好。 (3) 穿带线受阻时，应用两根铁丝同时搅动，使两根铁丝的端头互相钩绞在一起，然后将带线拉出。 (4) 阻燃型塑料波纹管壁呈波纹状，带线的端头要变成圆形
2	扫管	穿带线完毕，土建湿作业完成	(1) 清扫管路的目的是清除管路中的灰尘、泥水等杂物。 (2) 清扫管路的方法：将布条的两端牢固地绑扎在带线上，两人来回拉动带线，将管内杂物清除干净
3	放线及断线	扫管完毕	(1) 放线前应根据施工图对导线的规格、型号进行核对。 (2) 放线时导线置于放线架或放线车上。 (3) 断线：剪断导线时，导线的预留长度应按以下 4 种情况考虑。1) 接线盒、开关盒、插销盒及灯头盒内导线的预留长度应为15cm。

续表

序号	作业	前置任务	作业控制要点
3	放线及断线	扫管完毕	2）配电箱内导线的预留长度应为配电箱体周长的 1/2。3）出户导线的预留长度应为 1.5m。4）共用导线在分支处，可不剪断导线而直接穿过
4	穿线	放线完毕	(1) 钢管（电线管）在穿线前，应首先检查各个管口的护口是否齐整，如有遗漏或破损，均应补齐和更换。 (2) 当管路较长或转弯较多时，要在穿线的同时往管内吹入适量的滑石粉。 (3) 交流回路的导线必须穿于同一管内。 (4) 不同回路、不同电压和交流与直流的导线，不得穿入同一管内。 (5) 线在变形缝处，补偿装置应活动自如。导线应留有一定的余度。 (6) 敷设于垂直管路中的导线，当超过下列长度时应在管口处和接线盒中加以固定：1）截面积为 $50mm^2$ 及以下的导线为 30m；2）截面积为 $70\sim95mm^2$ 的导线为 20m；3）截面积在 $180\sim240mm^2$ 之间的导线为 18m。 (7) 穿入管内的绝缘导线，不准接头和局部绝缘破损及死弯。导线外径总截面不应超过管内面积的 40%
5	绝缘摇测	穿线完毕，在装器具前	(1) 线路的绝缘摇测一般选用 500V、量程为 0～500MΩ 的兆欧表。测量线路绝缘电阻时：兆欧表上有三个分别标有“接地”（E）；“线路”（L）；“保护环”（G）的端钮。可将被测两端分别接于 E 和 L 两个端钮上。

续表

序号	作业	前置任务	作业控制要点
5	绝缘摇测	穿线完毕，在装器具前	(2) 气器具未安装前进行线路绝缘摇测时，首先将灯头盒内导线分开，开关盒内导线连通。摇测应将干线和支线分开，1 人摇测，1 人应及时读数并记录。摇动速度应保持在 120r/min 左右，读数应采用 1min 后的数值为宜。 (3) 电气器具全部安装完在送电前进行摇测，应先将线路上的开关、刀闸、仪表、仪表、设备等用电开关全部置于断开位置，摇测方法同上所述，确认绝缘摇测无误后再进行送电试运行

6.9 线槽敷线作业要点

卡片编码：备用和不间断电源 606（2），上道工序：线槽敷设。

序号	作业	前置任务	作业控制要点
1	放线及断线	线槽敷设完毕，粗装修基本完成	(1) 放线前应根据施工图对导线的规格、型号进行核对。 (2) 放线时导线置于放线架或放线车上。

续表

序号	作业	前置任务	作业控制要点
1	放线及断线	线槽敷设完毕，粗装修基本完成	(3) 断线：剪断导线时，导线的预留长度应按以下 4 种情况考虑。1) 接线盒、开关盒、插销盒及灯头盒内导线的预留长度应为 15cm。2) 配电箱内导线的预留长度应为配电箱体周长的 1/2。3) 出户导线的预留长度应为 1.5m。4) 共用导线在分支处，可不剪断导线而直接穿过
2	线槽敷线	放线断线完毕	(1) 电线在线槽内有一定余量，不得有接头。电线按回路编号分段绑扎，绑扎点间距不应大于 2m。 (2) 同一回路的相线和零线，敷设于同一金属线槽内。 (3) 同一电源的不同回路无抗干扰要求的线路可敷设于同一线槽内；敷设于同一线槽内有抗干扰要求的线路用隔板隔离，或采用屏蔽电线且屏蔽护套一端接地
3	线路绑扎	敷线完毕	(1) 当导线根数较少时，例如 2～3 根导线，可将导线前端的绝缘层削去，然后将线芯直接插入带线的盘圈内并折回压实，绑扎牢固。使绑扎处形成一个平滑的锥形过渡部位。 (2) 当导线根较多或导线截面较大时，可将导线前端的绝缘层削去，然后将线芯斜错排列在带线上，用绑线缠绕绑扎牢固。令绑扎接头处形成一个平滑的锥形过渡部位，便于穿线

续表

序号	作业	前置任务	作业控制要点
4	绝缘摇测	穿线完毕，在接线前	(1) 绝缘摇测分两次进行：电缆敷设前；电缆敷设完毕，送电前。 (2) 1kV 以下电缆，用 1kV 兆欧表摇测相线间、相对零、零对地、相对地间的绝缘电阻，要求绝缘电阻值不低于 0.5MΩ

6.10 电缆头制作、导线连接和线路电气试验作业要点

卡片编码：备用和不间断电源 607，上道工序：线缆敷设。

序号	作业	前置任务	作业控制要点
1	锯断、剥切电缆、导线	电缆敷设完成配电柜安装完成	(1) 应按设计和实际路径计算每根电缆的长度，合理安排每盘电缆，减少电缆接头。 (2) 切断电缆时不应有金属屑及污物进入电缆。 (3) 剥切电缆时不应损伤线芯和保留的绝缘层 (4) 制作电缆终端与接头，从剥切电缆开始应连续操作直至完成，缩短绝缘暴露时间。剥切电缆时不应损伤线芯和保留的绝缘层。附加绝缘的包绕、装配、热缩等应清洁。

续表

序号	作业	前置任务	作业控制要点
1	锯断、剥切电缆、导线	电缆敷设完成配电柜安装完成	(5) 电缆终端和接头应采取加强绝缘、密封防潮、机械保护等措施。6kV及以上电力电缆的终端和接头，尚应有改善电缆屏蔽断部电场集中的有效措施，并应确保外绝缘相间和对地绝缘。 (6) 在制作塑料绝缘电缆终端头和接头时，应彻底清除半导电屏蔽层。对包带石墨屏蔽层，应使用溶剂擦去碳迹；对挤出屏蔽层，剥除时不得损伤绝缘表面，屏蔽端部应平整
2	电缆焊接压线端子，导线压接接线帽	电缆剥切完毕	(1) 接线端子（接线鼻）：应根据导线的根数和总截面选择相应规格的接线端子。 (2) 焊锡：由锡、铅和锑等元素组合的低熔点（185～260℃）合金。焊锡制成条状或丝状。 (3) 焊剂：能清除污物和抵制工件表面氧化物，一般焊接应采用松香液，将天然松香溶液在酒精中制成乳状液体，适用于铜及铜合金焊件。 (4) C形压线帽：且有阻燃性能氧指数为27%以上，适用于铝导线$2.5mm^2$、$4mm^2$两种，适用铜导线$1\sim4mm^2$结头压接，分为黄、白、红、绿、蓝5种颜色，可根据导线截面积和根数选择使用（铝导线用绿、蓝；铜线用黄、白、红）

续表

<table>
<tr><th>序号</th><th>作业</th><th>前置任务</th><th>作业控制要点</th></tr>
<tr><td>3</td><td>包缠绝缘胶带</td><td>电缆焊接压线端子，涮锡完毕</td><td>采用橡胶（或黏塑料）绝缘带从导线接头处始端的完好绝缘层开始，缠绕 1～2 个绝缘带幅宽度，再以半幅宽度重叠进行缠绕。在包扎过程中应尽可能的收紧绝缘带。最后在绝缘层上缠绕 1～2 圈后，再进行回缠。采用橡胶绝缘带包扎时，应将其拉长 2 倍后再进行缠绕。然后再用黑胶布包扎，包扎时要衔接好，以半幅宽度边压边进行缠绕，同时在包扎过程中收紧胶布，导线接头处两端应用黑胶布封严密。包扎后应呈枣核形</td></tr>
<tr><td>4</td><td>电缆头外壳与电缆护套及铠装层接地</td><td>电缆敷设完成</td><td>（1）三芯电力电缆接头两侧电缆的金属屏蔽层（或金属套）、铠装层应分别连接良好，不得中断，跨接线的截面不应小于下表接地线截面积的规定。直埋电缆接头的金属外壳及电缆的金属护层应做防腐处理。

电缆芯线和接地线截面积（mm^2）
<table><tr><th>电缆芯线截面</th><th>接地线截面</th></tr><tr><td>120 及以下</td><td>16</td></tr><tr><td>150 及以下</td><td>25</td></tr></table>
（2）三芯电力电缆终端处的金属护层必须接地良好；塑料电缆每相铜屏蔽和钢铠应采用焊锡焊接接地线。电缆通过零序电流互感器时，电缆金属护层和接地线应对地绝缘，电缆接地点在互感器以下时，接地线应直接接地；接地点在互感器以上时，接地线应穿过互感器接地</td></tr>
</table>

续表

<table>
<tr><th>序号</th><th>作业</th><th>前置任务</th><th>作业控制要点</th></tr>
<tr><td>5</td><td>校相及绝缘摇测</td><td>电缆头外壳与电缆护套及铠装层接地</td><td>(1) 低压电线和电缆，线间和线对地间的绝缘电阻值必须大于0.5MΩ。
(2) 电线、电缆交接试验合格，且对接线去向和相位等检查确认，才能通电。
(3) 电力电缆绝缘电阻值可参照下表中的绝缘电阻值，该表值是将各类电力电缆换算到20℃时的每公里的最低绝缘电阻值。
电力电缆绝缘电阻值
<table>
<tr><th colspan="2">电缆额定电压（kV）</th><th>1</th><th>6</th><th>10</th><th>35</th></tr>
<tr><td rowspan="3">绝缘电阻（MΩ）</td><td>聚氯乙烯电缆</td><td>40</td><td>60</td><td>—</td><td>—</td></tr>
<tr><td>聚乙烯电缆</td><td>—</td><td>1000</td><td>1200</td><td>3000</td></tr>
<tr><td>交联聚乙烯电缆</td><td>—</td><td>1000</td><td>1200</td><td>3000</td></tr>
</table></td></tr>
</table>

6.11 接地装置安装作业要点

卡片编码：备用和不间断电源608，上道工序：土建交接。

序号	作业	前置任务	作业控制要点
1	挖接地母线沟	场地平整，画线定位	(1) 接地装置的埋设深度，其顶部不应小于0.6m，接地装置埋设位置距建筑物不宜小于1.5m，遇在垃圾、灰渣等处埋设接地装置时，应换土并分层夯实。 (2) 接地网沟应尽量利用建筑工程土方开挖时的自然沟，这样可减少挖沟工程量，但应注意配合。接地网沟按设计要求开挖。如无设计，则按以下规定开挖： 1) 距建筑物的距离不小于1.5m；2) 挖沟深度1.35m，沟上口宽0.6m，下口宽0.8m；3) 挖沟后应尽快安装接地极，以免土方倒塌，造成返工
2	接地装置安装	挖接地母线沟	(1) 建筑物基础接地体：底板钢筋敷设完成，按设计要求做接地施工，经检查确认，才能支模或浇捣混凝土。 (2) 人工接地：按设计要求位置开挖沟槽，经检查确认，才能打入接地极和敷设地下接地干线；接地干线的连接应采用焊接，焊接处焊缝应饱满，并有足够的机械强度，不得有夹渣、咬肉、裂纹、虚焊、气孔等缺陷，焊接处的焊渣清理干净后，刷沥青，做防腐处理。 (3) 接地模块：按设计位置开挖模块坑，并将地下接地干线引到模块上，经检查确认，才能相互焊接。 (4) 装置隐蔽：检查验收合格，才能覆土回填

续表

序号	作业	前置任务	作业控制要点
3	接地电阻测试	接地装置安装完毕	(1) 人工接地装置或利用建筑物基础钢筋的接地装置必须在地面以上按设计要求位置设测试点。 (2) 接地装置施工完成测试，应合格，整个防雷接地系统连成回路，才能系统测试。 (3) 测试电阻值应符合设计要求，检查方法：实测或检查接地电阻测试记录。观察检查或检查安装记录

7 防雷接地

7.1 接地装置安装作业要点

卡片编码：防雷接地 701，上道工序：土建交接。

序号	作业	前置任务	作业控制要点
1	开挖槽	场地平整，画出走向	(1) 水平接地体敷设在沟槽中，距底板600mm，其下设支架以支撑铜排，水平接地体的敷设沟槽为梯形截面基坑开挖至坑底标高后，根据设计图测量放线。 (2) 采用浅孔弱振松动爆破技术进行爆破，深度1200mm，上部宽1200mm，下部宽600mm；排干槽内积水，防止浆料稀释
2	预制加工	材料进场验收完毕	(1) 将水平接地体放入沟内，按要求焊接好相邻接地体连接，并做好防腐处理；用支撑物将水平接地体支撑起来，方便降阻剂浆体包裹。 (2) 将降阻剂和水在容器中搅拌均匀，制成浆状，然后均匀灌入沟槽，包裹住水平接地体，包覆厚度最薄处不应小于30mm，保证水平接地体处于降阻剂填充区中心部位；垂直接地极施工：用钻机钻出孔径为150mm的孔，深2.5m。

续表

序号	作业	前置任务	作业控制要点
2	预制加工	材料进场验收完毕	(3) 用底部带有活门的管筒抽干孔洞内积水(防止浆料稀释)，放入垂直接地体并与水平接地体焊接。最后将浆料从孔口灌入，直至充满整个管体及降阻剂填充区，降阻剂用量每米约为 23kg，并应保证垂直接地体位于降阻剂填充区中心位置
3	接地装置安装	槽挖完	(1) 引出线在车站结构板以上引出高度不小于0.5m，且必须与车站结构板钢筋绝缘。 (2) 止水环套在钢管上，设于钢管中部。接地引出铜排置于钢管中，钢管在底板钢筋网孔中心穿过（钢管不与结构钢筋接触）铜排与钢管间的空间用环氧树脂填充，保证接地引出极与结构钢筋间的绝缘。 (3) 接地引上线引出点（引出车站结构底板）位置：引出点应位于站台板下夹层内电缆井附近或站台层强/弱电设备用房下电缆夹层内，避开轨底风道、结构墙及轨道等。引出点位置需经相关专业确认
4	回填土	接地电阻摇测合格	(1) 每一部分做完后，实测其接地电阻，记录每次测量的数据，以便及时进行调整。 (2) 待浆料初凝后，回填细土层，并夯实，回填土禁止掺杂石块，引出地面的部分用降阻剂包好
5	做接地电阻测试点	接地装置安装完成	待接地装置安装完成后，记录好选取测试点的位置，标高，材质，压接的倍数

续表

序号	作业	前置任务	作业控制要点
6	测试接地电阻	接地电阻测试点完成	(1) 接地网随车站底板分段施工，为使整体接地网的接地电阻值满足设计要求，在阶段性施工结束后，按设计要求对已完工部分接地网进行接地电阻测量，以此数据推算出整体接地网的接地电阻值。 (2) 接地电阻的测量采用三极法原理进行；并做好记录

7.2 避雷引下线和变配电室接地干线敷设利用柱内主筋做引下线作业要点

卡片编码：防雷接地 702 (1)，上道工序：土建交接。

序号	作业	前置任务	作业控制要点
1	用圆钢与底板钢筋和柱内主筋搭接焊接	柱筋已绑扎完毕	(1) 利用主筋（直径不少于 16mm）做引下线时，按设计要求找出全部主筋位置，用油漆做好标记，按设计位置标高做好焊好测试点，随钢筋逐层串接至顶层，焊接出一定长度的引下线至接闪器，搭接长度不应小于 $6D$，做完后请有关人员进行隐蔽工程检查，做好隐蔽工程检查记录。 (2) 当主筋采用窄间隙电弧焊或电渣压力焊等熔焊连接时，不需做附加跨接线，当主筋采用搭接连接时，必须双面施焊，且焊接长度不应小于 $6D$

续表

序号	作业	前置任务	作业控制要点
2	每层相应主筋处作红色标记	柱筋已绑扎完成	用主筋（直径不小于 ϕ16mm）作引下线时，应按设计要求找出全部主筋位置，用油漆做好标记，设计无要求时，应于距室外地面 0.5m 处焊好测试点，随钢筋逐层串联焊接至顶层；焊接出一定长度的引下线，搭接长度不小于 100mm，做完后请有关人员进行隐蔽工程检查，做好隐蔽工程检查记录
3	首层位置与接地测试点连接	柱筋已绑扎完成	首层位置住进焊接完成之后，按设计位置与接地测试点进行连接。 采用多根明装引下线时，为了便于测量接地电阻，以及检验引下线和接地线的连接情况，应在每条引下线距地 1.8～2.2m 处放置断接卡子。利用混凝土柱内钢筋作为引下线时，必须将焊接的地线连接到首层、配电盘处并连接到接地端子上，可在地线端子处测量接地电阻
4	建筑超过 30m 时与高层均压环用圆钢搭接焊接	均压环敷设	(1) 引下线扁钢截面不得小于 25mm×4mm；圆钢直径不得小于 8mm。 (2) 明装引下线必须在距地面 1.5～1.8m 处做断接卡子或测试点（一条引下线者除外）。断接卡子所用螺栓的直径不得小于 10mm，并需要加镀锌垫圈及镀锌弹簧垫圈。暗装的引下线在距地 0.5m 处做断接卡子。 (3) 利用主筋做引下线时，每条引下线不得少于 2 根主筋。

续表

序号	作业	前置任务	作业控制要点
4	建筑超过30m时与高层均压环用圆钢搭接焊接	均压环敷设	(4) 建筑物的金属构件（如消防梯、烟囱的铁爬梯等）可作为引下线，但所有金屑构件之间均应连成电气通路当建筑物高度超过 30m 时，要与均压环用圆钢搭接焊接
5	屋面处圆钢与做引下线的柱内主筋搭接焊接甩出1.2m圆钢	顶层柱筋、梁筋绑扎完成	(1) 每栋建筑物至少有两根引下线（投影面积小于 $50mm^2$ 的建筑物除外）。避雷引下线最好为对称布位置，引下线间距离不应大于 20m，当大于 20m 时应在中间多引一根引下线。 (2) 接地干线距地面应不小于 200mm，距墙面应不小于 10mm，支持件应采用 40mm×4mm 的扁钢，尾端应制成燕尾状，人孔宽度与深度各为 50mm，总长度为 70mm，支持件间的水平直线距离一般为 1m，垂直部分为 1.5m，转弯部分为 0.5m。 (3) 及时将引下线的下端与接地体焊接好，或与接地卡子连接好。随着建筑物的逐步增高，将引下线埋设于建筑物内至屋顶为止。 (4) 屋面处圆钢与做引下线的柱内主筋搭接焊接甩出 1.2m 的圆钢

7.3 避雷引下线明敷设作业要点

卡片编码：防雷接地 702（2），上道工序：土建交接。

序号	作业	前置任务	作业控制要点
1	引下线与底板钢筋或人工接地体搭接焊接引出	柱筋已绑扎	（1）明敷的引下线应平直、无急弯，自建筑物上方向下逐点固定，直至安装断接卡子处，如需接头或焊接断接卡子，则应进行焊接，焊好后清除焊渣，局部调直，并刷防锈漆。 （2）明敷接地引下线的支持件间距应均匀，水平直线部分 0.5～1.5m，垂直直线部分 1.5～3m，弯曲部分 0.3～0.5m。 （3）将引下线地面上 2m 段套上保护管，卡接固定并刷红白油漆。 （4）用镀锌螺栓将断接卡子与接地体连接牢固
2	埋设卡子	建筑外墙抹灰前	（1）根据设计要求，先在砖墙（或加气混凝土墙，空心砖墙）上确定坐标轴线位置，在砖墙上做 10cm 厚混凝土压带用内胀栓做固定点或随砌墙将预制成 50mm×50mm 的方木放入墙内，待墙砌好后将方木剔出，然后将支持件放入孔内，同时洒水淋湿孔洞，再用水泥砂浆将支持件预埋牢固，待凝固后使用。 （2）现浇混凝土墙上固定支架，先根据设计图要求弹线、定位、钻孔，支架做燕尾埋入孔中，找平正，用水泥砂浆进行固定

续表

序号	作业	前置任务	作业控制要点
3	引下线敷设	埋设卡子完成外墙装修完成	当支持件埋设完毕，水泥砂浆凝固后，可敷设墙上的接地线，将接地扁钢沿墙吊起，在支持件一端用卡子将扁钢固定，经过隔墙时穿越套管，接地干线连接处应焊接牢固。末端预留或连接应符合设计要求

7.4 建筑物等电位连接作业要点

卡片编码：防雷接地 703，上道工序：土建交接。

序号	作业	前置任务	作业控制要点
1	预制加工	材料进场验收完毕	（1）总、局部等电位箱加工制作应提前进行或购买成品，以不影响安装为前提。 （2）总、局部等电位箱安装时应配合土建施工同时进行，当建筑物墙体为钢筋混凝土时，应在土建合模前安装完毕，并固定牢固。当建筑物墙体为砌体或轻质墙体时，应配合土建预留洞或一次安装到位。 （3）等电位连接线与金属管道连接应配合管道安装进行。

续表

序号	作业	前置任务	作业控制要点
1	预制加工	材料进场验收完毕	(4) 等电位连接线与抱箍法金属管道连接应在管道安装完毕后进行。 (5) 等电位连接线与金属门窗、栏杆、扶手等电位连接应配合土建施工同时进行。 (6) 连接线导通性测试应在工程基本完工，进入调试阶段进行
2	敷设接地干线、支线	预制加工完成，装修基本完成	(1) 铜质等电位连接线不应在土壤中与钢接地体连接。 (2) 暗敷设的等电位连接线及其连接处必须做隐蔽工程验收，验收合格后方能隐蔽，对于隐蔽部分的等电位的连接线及其连接处应在竣工图上注明实际走向和部位。 (3) 等电位连接线采用钢材焊接时，应采用搭接焊并应满足如下要求：1) 扁钢的搭接长度不应小于其宽度的2倍，3面施焊。（当扁钢宽度不同时，搭接长度以宽的为准）。2) 圆钢的搭接长度不应小于其直径的6倍，双面施焊。（当直径不同时，搭接长度以直径大的为准。3) 圆钢与扁钢连接时，其搭接长度不应小于圆钢直径的6倍，双面施焊。4) 焊接头应做防腐处理（埋在混凝土内的接头除外）。 (4) 室内局部等电位连接必须设局部等电位箱，局部等电位箱内必须有PE线，禁止浴室内局部等电位线与浴室外PE线连接，浴室内等电位连接线穿塑料管在墙内或地面内暗敷设。终端出线口采用86系列接线盒暗装敷设，并加盖86系列面板。

续表

序号	作业	前置任务	作业控制要点
2	敷设接地干线、支线	预制加工完成，装修基本完成	(5) 电位连接端子板应采用螺栓连接，以便于拆卸，定期检测，当采用 BV-10～$25mm^2$ 导线时，必须用铜线端子压接后再与等电位端子板连接，BV-$6mm^2$ 及以下的导线可盘圈后与等电位端子板直接连接，并加平光垫圈、防松垫圈
3	高层均压环敷设	该层楼板钢筋绑扎完成	均压环安装采用建筑物外围结构内四周的梁内的上层纵向主筋焊接而成，采用 2 根主筋。作为均压环的钢筋与防雷引下线的钢筋，每根都应焊接。采用搭接焊，搭接采用不小于 $\phi10mm$ 的钢筋。搭接长度：当采用双面焊时，搭接长度为均压环或引下线钢筋的较大直径钢筋的 6 倍；当采用单面焊时，搭接长度为均压环或引下线钢筋的较大直径钢筋的 12 倍。焊缝应饱满、无夹渣、气孔，焊接完毕，需要及时清除焊渣
4	总等电位箱安装、压接接地干线	接地干线已至总等电位箱处	根据设计图纸要求，确定各等电位端子箱位置，如设计无要求，则总等电位端子箱宜设置在电源进线或进线配电盘处。确定位置后，将等电位端子箱固定

续表

序号	作业	前置任务	作业控制要点
5	等电位箱安装	支线已甩至等电位箱处	(1) 检查预埋接地扁铁。 (2) 等电位盒壁厚 3mm。 (3) 等电位内必须与预埋接地扁铁焊接。 (4) 参照设计图纸确定安装位置。户外一般在外墙，距地 0.3～0.5m 处。户内设在卫生间内。总等电位一般设在变配电室。 (5) 所有金属裸露可能带电的部位汇总到等电位箱内，连接方式可以焊接，也可采用软铜线，采用卡子等连接方式。 (6) 按图纸要求做测试
6	入户金属管道、电缆与接地干线相连	接地干线敷设完毕，各种管道敷设完毕	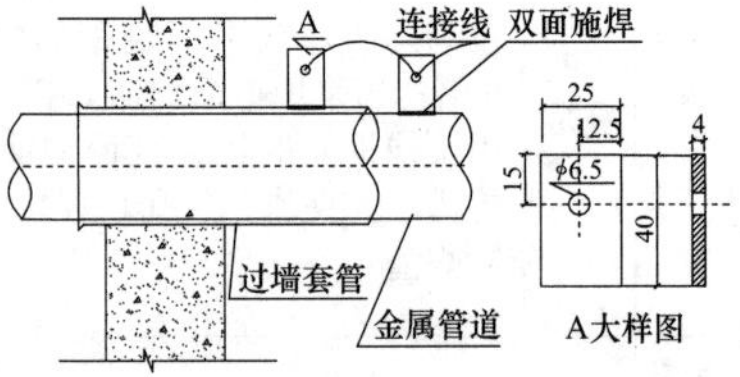 (1) 接法适用于建筑物进户的非镀锌钢管，焊接完毕后需清除焊渣，而后刷防锈一道，灰色调和漆一道。 (2) A 大样必须为镀锌扁钢。 (3) 连接线的规格、型号由设计确定，两个 A 大样之间的导线不能断开。具体做法见上图

续表

序号	作业	前置任务	作业控制要点
7	门窗与均压环相连	门窗预埋铁件门窗安装完毕	(1) 建筑物外围四周的门窗均需等电位连接，采用 $\phi10$ 的圆钢。在均压环层的门窗直接从均压环梁钢筋焊接 $\phi10$ 的圆钢引出。 (2) 焊接处与均压环和引下线的搭接长度：当采用双面焊时应大于 60mm，当采用单面焊时应大于 120mm。焊缝应饱满、无夹渣、气孔
8	金属器具与等电位箱相连	卫生间金属器具安装完成	(1) 进行卫生间内局部等电位连接时，应将金属给水排水管、金属面盆、澡盆和马桶、金属供暖管和墙地面钢筋网通过等电位连接线在局部等电位连接端子板处连接在一起，以加强由于身体电阻降低和身体接触地电位而增加电击危险的安全保护。 (2) 当墙为混凝土墙或者钢结构立面时，墙内钢筋网也宜与等电位连接线连通；金属地漏、扶手、浴巾架、肥皂盒等孤立之物可不做连接

7.5 接闪器安装要点

卡片编码：防雷接地 704，上道工序：土建交接。

序号	作业	前置任务	作业控制要点
1	预制卡子混凝土墩	场地平整画线定位	根据土建测量放线所定位置，进行卡子制作、混凝土墩制作

续表

序号	作业	前置任务	作业控制要点
2	弹线定位，卡子埋设	做女儿墙灰饼	(1) 根据设计要求进行弹线，并以转弯或交叉等处为起点（终点），在 1.5m 范围内均分挡距。 (2) 用手锤、錾子等进行剔凿，洞的大小应里外一致。支架安装前将洞内用水浇湿。 (3) 首先固定一直线段上位于两端的支架并浇筑，然后拉线进行其他支架的浇筑。 (4) 如果采用混凝土支座，将混凝土支座分挡排好，将两端支架间拉直线，然后将其他支座用砂浆找平。 (5) 如果女儿墙预留有预埋铁件，可将支架直接焊接在铁件上（如下图） 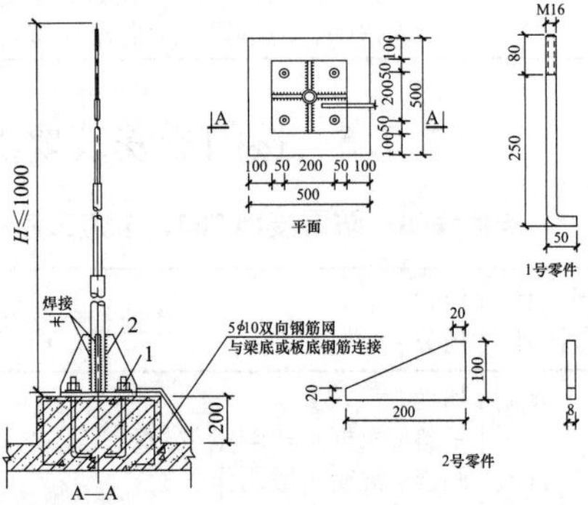

续表

序号	作业	前置任务	作业控制要点
3	圆钢沿卡子敷设	卡子埋设完成，装修基本完成	圆钢要沿着卡子焊接敷设，圆钢应平直、无急弯，焊接要求：接地装置的焊接采用搭接焊，搭接长度：扁钢：不小于 $2b$；圆钢：不小于 $6D$；圆钢与扁钢或扁钢：不小于 $6D$。（注：b 为扁钢扁铜宽度；D 为圆钢直径）。扁钢或扁铜搭接时焊接三个棱边，圆钢搭接时焊接双面。扁钢与钢管、扁钢与角钢搭接时焊接：紧贴 3/4 钢管表面或紧贴角钢外侧两面，上下两侧施焊。除埋在混凝土中的焊接接头处，其余的焊接接头应有防腐措施
4	避雷网与屋面金属部件连接	避雷带安装，各种设备安装完毕	焊接要求：接地装置的焊接采用搭接焊，搭接长度：扁钢：不小于 $2b$；圆钢：不小于 $6D$；圆钢与扁钢或扁钢：不小于 $6D$。（注：b 为扁钢扁铜宽度；D 为圆钢直径）。扁钢或扁铜搭接时焊接三个棱边，圆钢搭接时焊接双面。扁钢与钢管、扁钢与角钢搭接时焊接：紧贴 3/4 钢管表面或紧贴角钢外侧两面，上下两侧施焊。除埋在混凝土中的焊接接头处，其余焊接接头应有防腐措施。焊接时的焊缝应饱满、无遗漏，防腐良好；采用螺栓固定时应采取双螺母等防松措施
5	避雷针安装	屋面工程结束	将支座钢板固定在预埋的地脚螺栓上，焊上一块肋板，再将避雷针立起，找直、找正后，进行点焊，然后加以校正，焊上其他三块肋板。最后将引下线焊接在底板上，清除焊渣，刷防锈漆